黒い絆 ロスチャイルドと原発マフィア

狭い日本に核プラントが54基も存在する理由

鬼塚英昭

SEIKO SHOBO

「原子力発電所」は「原爆工場」である◉序として

私たち日本人は、原子爆弾と原子力発電所は全く別のものであると認識している。否、認識させられている。

原子爆弾は、放射性物質のウランの核分裂反応を人為的に惹き起こして、そのエネルギーを爆発させる兵器である。

では、原子力発電所（以下、原発）はどうであろうか。やはり、原爆と同じように、核分裂反応を人為的に惹き起こして、そのエネルギーを利用して電力を得る。私たちは発電をするための核反応を「原子力」と訳し、「核燃料」と言わず、「原子燃料」という。これが電力会社の詐術的な言葉使いであることに気づかない。英語ではどちらも「nuclear《ニュークリア》」である。すべて、原爆にしろ、発電にしろ、「核燃料」という言葉を使う。

原子力発電所が「核燃料発電所」であることを知れば、この発電所が核兵器工場と同じであることが自明となる。私たちはこの狭い国土の上に、特に地震の多い地域に多数の核兵器工場を持っていることになる。

私たち日本人の生活は地震だけでなく、もっとも恐ろしい他国の武装勢力に襲われる可能性の中でいとなまれている。もし、他国が、否、テロ行為を狙ったゲリラ組織が「自爆テロ行為」をしただけで、日本という国が滅亡する。どうしてか。原爆工場が無防備の中で電力なるものを作り続けているからである。

あの「原子力発電所」と私たちが呼ぶ「核燃料工場（＝原爆工場）」は、たえずプルトニウムという非常に毒性の高い核物質を出し続けている。今も、原発の燃料プールでは、電力を得ると同時に、この使用済み核燃料が増え続けている。青森・六ヶ所村に搬出し始めていると電力会社は言っているが、決してゼロになることはない。この使用済み核燃料は、長期間にわたって発熱を続けるので、燃料プールで冷却しなければならない。

日本の海岸線に沿って多くの原爆製造工場が造られている現状を知るとき、私たちの未来が非常に暗いということが分かるのである。

私はこれから原子力発電所、否、核兵器製造工場のことについて書くことにする。どうして、日本に核兵器製造工場が造られたのかを追求していく。私はこれらの工場をアメリカから持ち込んだ人間たちを追跡する。それらの人間たちが、普通の人間ではなく、マフィア的人間であることを読者のみなさんに説明する。彼らを〝原発マフィア〟と呼ぶことにする。〝原爆マフィア〟と呼ぶべきかもしれないが、〝原発マフィア〟で統一する。

世界中に原発マフィアたちがいる。原子爆弾が発明され、一九四五年八月六日に広島上空五百八十メートルで炸裂した原子爆弾について書くことにする。それは、原発マフィアたちが落としたものであった。

何のために？　原発マフィアたちの利益のためであった。私たち日本人は、広島と長崎に原爆を落とされた唯一の国民なのに、また、彼ら原発マフィアの罠《わな》にはまっているのだ。

二〇一一年五月一日

鬼塚英昭

［もくじ］

［装幀］
フロッグキングスタジオ
［写真］
共同通信社
ウィキコモンズ
［編集協力］
デジタルスタジオ

［第1章］原発マフィア、誕生の物語

ロード・ロスチャイルドの野望

私はまず、ヴィクター・ロスチャイルド（一九一〇－一九九〇）について書くことにする。どうしてか？ 彼こそが〝原発マフィア〟の中でも最も大きな力を持っていたからである。しかし、いかなる原爆の本を読んでも、日本を問わず、欧米においても、一行たりとも全くその姿を見せたことがない。彼は闇の中にほぼ完全に隠されている。しかし、彼こそが原子爆弾を、そして原子力発電所を創造した男なのである。

一九三七年、ヴィクター・ロスチャイルドの伯父のウォルターが死去した。ヴィクターの父親はすでに死去していたし、ウォルターに嫡子《ちゃくし》がいなかったので、ヴィクターは第三代のロスチャイルド男爵を継承した。この爵位により、ヴィクターは自動的に英国の上院（貴族院）議員となり、ロスチャイルド家の当主の地位を得た。二十七歳の、若きロード（卿）・ロスチャイルド（以下、ヴィクターとする）の誕生であった。

原子爆弾を製造すべく、アメリカは「マンハッタン計画」を立てる。この計画は、一九三九年八月二日に、アルバート・アインシュタインがフランクリン・ルーズヴェルト大統領に書簡を送って、原爆製造にアメリカが着手するようになった、というのが現代史の定説とされている。しかし、ヴィクターこそが原爆製造の〝主役〟であることは全く知られていない。すべてが謎につつまれている。
「アインシュタイン書簡」の中に、実に奇妙なことが書かれている。

……合衆国は、ウランについてはきわめて含有量の少ない鉱石をいくらか所有するにすぎません。カナダと旧チェコスロバキアに若干の良質の鉱石があるが、最も重要なウラン産地はベルギー領コンゴであります。

アインシュタインは当時、プリンストン大学の研究所で「統一場理論《とういつば》」の研究に没頭していた。そのため核分裂という問題については無関心であった。核分裂、そして原爆の可能性は、アインシュタインの「$E=mc^2$」という方程式から出発していた。彼はハンガリー系ユダヤ人の物理学者、レオ・シラード（リーオ・ジラード）から依頼を受けて、シラードの手書きの書簡を「アインシュタイン書簡」としてルーズヴェルトに送ったのであった。
それにしても「ウラン産地はベルギー領コンゴ……」とは、実に奇妙な文句といわねばならない。当時、ベルギーはヒトラーのナチスの完全な支配下にあった。では、ベルギー領コンゴはどうなったのか。ヒトラーはこのコンゴの支配を、ロード・ロスチャイルドとベルギー王室に一任したのである。

イギリスとドイツは戦っていた。しかし、ヒトラーはベルギーにあるロスチャイルドの分家の要求をいれて、ロード・ロスチャイルドにその権利を無条件で譲ったのである。アインシュタインはベルギー王室のエリザベス女王と親交があった。ヴィクターはこのことを知り、ヨーロッパ時代のアインシュタインの弟子であるシラードに書簡を書かせ、「アインシュタイン書簡」としてルーズヴェルト大統領に手渡させたということになる。

では、どうしてヴィクターはチャーチル首相を動かして、イギリス国内で原爆を製造しなかったのか。ヴィクターはイギリスの大化学企業インペリアル・ケミカルズで、イギリス政府の出資によっての原爆製造を試みた。インペリアル・ケミカルズは、ドイツの化学産業を独占していたIGファルベンともカルテルを結んでいた。そのためドイツの原爆情報もヴィクターのもとに届いていた。この両社は金属カルテルを結んでいた。この単一カルテル網は原爆製造という巨大産業の実現に向けて、完全に歩調を合わせていたのだ。しかし、あまりにも莫大すぎる投資が必要だった。ヒトラーも途中でこの計画から手を引いた。そこでヴィクターは、アメリカに原爆を製造させることにしたのである。戦争とは何か？　ヴィクター・ロスチャイルドにとっては、ユダヤ王国を創る一つの手段にすぎない。

原爆はどうして誕生したのか。科学者ではなく、科学小説作家H・G・ウェルズが、第一次世界大戦勃発の直前の一九一四年に『解放された世界』という小説を書いた。彼はその中で、一つの都市全体を、あるいは文明さえも、消し去ることができるほどに強力な爆弾の製造方法について克明に描いた。それは、原爆の製造方法とは異なってはいた。だがシラードは、ウェルズの創造した幻想の世界に取《と》り憑《つ》かれ、アインシュタインの書簡の中に書き記した。

この四カ月間のあいだに、フランスのジョリオ・キュリーならびにアメリカのフェルミとシラードの仕事を通して、大量のウランの中に核分裂連鎖反応を起こし、それにより巨大な力と新しいウランに似た大量の元素を放出することが可能となるかもしれない——そうした見込みが生じてきました。これは近い将来に実現できることは、今やほぼ確実であると思われます。この新しい現象はさらに爆弾の製造にも適用されるでありましょう。

では、原爆はどうして誕生したのか？　H・G・ウェルズの空想から、シラードという狂気

H・G・ウェルズの空想から原爆は誕生した

アインシュタイン（左）とレオ・シラード、ともに亡命ユダヤ人

第3代ロスチャイルド家当主、ヴィクター・ロスチャイルド卿

の亡命ユダヤ人科学者が、原爆の創造ということに思い至ったからである。この事実は、ピーター・プリングルとジェームズ・スピーゲルマンの『核の栄光と挫折』（一九八二年）の中に詳しく述べられている。シラードの原爆理論は次のようなものである。――一つの中性子が一つの原子を分裂させると、これが二つの中性子をつくり、それが今度は二つの原子を分裂させ、さらに四つの中性子をつくり、それが今度は四つの原子を分裂させ、さらに八つの中性子をつくり……、こうした連鎖反応をまとめて一度に引き起こすことができれば、突然、巨大なエネルギーが放出される……。

シラードの妄想から原子爆弾のシナリオが生まれた。シラードはイギリス陸軍に行き、原爆の特許を申請した。だが、陸軍は耳すら貸さなかった。しかし、イギリス海軍はシラードの特許申請を認めた。彼の特許は「最高機密」とされた。

ベルギー領コンゴのウラン鉱山
は巨万の富を生んだ

インペリアル・ケミカルズは
ロスチャイルド支配下にあった

世界屈指の化学企業だった
ドイツのＩＧファルベン

シラードの特許取得から三年後の一九三八年十二月、ベルリンにあるカイザー・ウィルヘルム化学研究所で、オットー・ハーンとフリッツ・シュトラウスの二人が、ウランに中性子をぶつけると分裂して新しい元素に転換することを発表した。その数週間後、パリでノーベル賞学者フレドリック・ジョリオ・キュリーが、ウラン原子がいったん分裂すると、一個以上の中性子を放出することを証明した。キュリーが見出したウラン原子が、シラードの原子爆弾の可能性を決定的にした。

ヴィクター・ロスチャイルドに話を戻すことにする。

ドイツのＩＧファルベンとイギリスのインペリアル・ケミカルズが金属カルテルを結んでいることは書いた。この両社はロスチャイルド家、すなわち、ロード・ロスチャイルドであるヴィクター・ロスチャイルドが支配していた。特に、ＩＧファルベンは、化学産業においても、鉄鋼の生産においてもドイツ最大であった。一九三九年には、その生産量（化学・鉄鋼の面において）は劇的に増加した。ドルがアメリカから大量に流れたからである。このＩＧファルベンが製造したチクロ・ガスがヒトラーの手に渡り、ユダヤ人絶滅（？）のために使用された。ヴィクター・ロスチャイルドの指示どおりであった。読者はユダヤ人がユダヤ人を殺すのかと思われるかもしれないが、これがユダヤ人の方策である。犠牲者をつくり、それを利用するというわけである。

第二次世界大戦が始まった当時、ヴィクターはＭＩ５（英国軍事諜報部第五部）の危機監理官であった。彼はイギリス軍の核兵器開発の秘密研究所に自由に出入りできた。そこで彼は、最新の核に関する情報を集めた。そして、シラードの特許の件を知った。彼は原爆製造が可能であることを知り、イギリス政府を動かした。そして、米国のOSS（戦略事務局。CIAの前身）に近づいた。OSSはヴィクターから防諜資料を貰い受けた。アメリカはヴィクターに特殊名誉勲章を授けた。イギリスはジョージ鉄十字勲章を授与した。後に、トルーマン大統領もヴィクターのアメリカ軍への貢献を表彰した。

ヴィクターは何を狙っていたのか。シラードの原爆製造の構想を誰よりも早く知ったヴィクターはチャーチル首相を動かし（チャーチルはロスチャイルド家の使用人であった）、「チューブ・アロイズ計画（管用合金計画）」を作らせた。この計画によって、偽装機関である「管用合金管理委員会」が生まれた。チャーチル首相はこの委員会の監督をサー・ジョージ・アンダーソンに命じた。彼は保守党最高幹部の一人で戦時内閣の閣僚であり、ヴィクターの友人でもあった。

一九四一年十月、ヴィクターは管用合金管理委員会に入り、核兵器開発の全過程を監督した。ヴィクターの支配するインペリアル・ケミカルズが原爆製造の中心となった。また、同じくヴィクターの支配下にあったイギリス最大の兵器会社ヴィッカースもこの委員会に加わった。チャーチルはこの委員会に巨額のポンドを与え続けた。ウラン238からウラン235を抽出するガス拡散法濃縮ウラン工場が作られた。しかし、ヴィクターはウラン235の抽出には、さらに巨額のポンドが必要であることを知る。そこで彼は、サー・ジョージ・アンダーソンに命じてチャーチルに事後承諾させ、この原爆計画をアメリカに売り込むことにした。

チャーチル首相は一九四三年八月、カナダのケベックでルーズヴェルト大統領と会談する。サー・ジョージ・アンダーソンが英米共同作業のために訪米する。ケベック協定が結ばれ、イギリスの原爆製造のすべての情報がアメリカ側に渡ることになる。イギリスの国家財政が逼迫《ひっぱく》していたのが最大の原因である。武器貸与法によるアメリカの援助を、イギリスが求めたからである。マンハッタン計画についてはすべて省略する。これ以降の原爆製造および、広島と長崎への原爆投下については拙著『原爆の秘密』(国外篇・国内篇、二〇〇八年)に詳述してあるので読んで欲しい。

ここで少しだけ、ヴィクターに関することを書いておく。一つは、ヴィクターが間接的ではあるけれどもマンハッタン計画を支配していたということである。マンハッタン計画の最高責任者はヘンリー・スティムソン陸軍長官(実質は国防長官)であり、ロンドンにあるロスチャイルドを中心とする秘密組織「ザ・オーダー」のアメリカでの最高の地位にあったのもスティムソンであった。

ルーズヴェルト大統領はスティムソンにマンハッタン計画の全責任をまかせた。トルーマンは副大統領ながらも、マンハッタン計画について全く知らされることはなかった。このマンハッタン計画に使われた費用は財務省と連邦準備銀行から出された。このときの財務長官は、へンリー・モーゲンソー・ジュニアである。彼はロスチャイルドの血族である。マンハッタン計画とは、イギリスの原爆製造計画の場をアメリカに移しただけで、実質的には、ヴィクター・ロスチャイルドの意向通りに進められたのである。なお、マンハッタン計画は、一九四二年六月のチャーチルとルーズヴェルトの会談の後に実行段階に入る。一九四三年八月のケベック会談では、正式協定が結ばれたということである。

ヴィクター・ロスチャイルドに再び話を戻すことにしよう。

ヴィクターとアメリカのOSS（後のCIA）との関係については少しだけ述べた。ヴィクターはケンブリッジ大学時代に「使徒会」なる秘密結社に入った。アメリカのエール大学に「スカル&ボーンズ」という秘密結社があるように、ケンブリッジ大学には一年に十二人の生徒だけが入れる結社がある。この結社に入ったほとんどの学生はホモセクシュアルの関係にある。ヴィクターはガイ・バージェス、キム・フィルビー、アンソニー・ブラント、ドナルド・マクリーンを誘い、「ケンブリッジ五人組」のホモ組織をつくり、そのリーダーとなった。ヴィクターは仲間の彼らをソ連のスパイに仕立てあげた。原爆の開発過程が具体的に進行していくにつれ、彼らはその機密情報をソ連に流していった。ついに原爆が完成して、広島と長崎に落とされた後も、彼ら五人は原爆の重要情報を流し続けた。原爆の情報だけではない。数多くの〝機密〟がヴィクター・ルートでソ連に流された。この事実はマーガレット・サッチャーが首相の時代、ヴィクターの行状として明らかになる。ここでは具体的な追跡はしないことにする。

ヴィクターはどうして原爆情報をソ連に流し続けたのか。彼がソ連を支配していたからである。ニキータ・フルシチョフが首相を退任後、『フルシチョフ回想録』を書き残したが、その中で、「スターリンがよく、『御主人様』という言葉を使っていた」と書いている。間違いなくヴィクター・ロスチャイルドを指している。

第二次世界大戦でソ連は大打撃を受けた。そのなかで、原爆製造を進めて一九四九年に完成させた。原爆の図面、諸々の機器、そしてウラニウム（当時、ソ連は持っていなかった）をヴィクターが手配したのである。ソ連はその代金として金《きん》とダイヤモンドをロスチャイルドに送った。ソ連の国民は飢えていた。人肉が売買されていた。パンを焼く小麦はほとんどなく（ロスチャイルドのルートで売られていた）、キャベツが主食の時代であった。

この項の最後に、ヴィクターがマンハッタン計画が進行中に、妙な行動をとったことを記し

チャーチルとルーズヴェルトのケベック会談（1943年８月）

ヘンリー・モーゲンソー・ジュニアが原爆製造資金を調達

マンハッタン計画の最高責任者、スティムソン長官

ておきたい。

ヴィクターはイギリス陸軍の飛行機を乗りまわし、あらゆる国々でウラン探しを続けた。広島と長崎に原爆が落とされた後、当時のウラン鉱山の約八〇パーセントがヴィクターの手に落ちていた。第二次大戦が終了すると、ヴィクターは、ウランの大量販売に乗り出すのである。

ヴィクターは知能指数（ＩＱ）が極めて高く、銀行業の他にも、科学、特に生物学の造詣が深かった。未来を見通す眼も確かであった。その名の示すごとく〝勝利者〟にふさわしかった。

そのヴィクターの師はジョン・メイナード・ケインズであった。経済学者のケインズは、ヴィクターと同じケンブリッジ大学の「使徒会」の先輩としてヴィクターを指導した。ヴィクターが過激な共産主義者から社会主義者へと変貌していったのはケインズの指導によった。

ヴィクターはケインズを最大限に利用した。アメリカを第二次大戦参戦に導いていくために、

ヴィクター・ロスチャイルドの母校、ケンブリッジ大学

ケンブリッジ学内の秘密結社「使徒会」のメンバーたち

「スターリンの御主人様」の存在を暴露したフルシチョフ

マクロ経済学の始祖ケインズはロスチャイルドの飼い犬だった

ケインズをルーズヴェルト大統領のもとへと送り込んだ。ケインズは魂をヴィクターに売り、名声と富を得たのである。ヴィクターとケインズの関係については、これ以上書かないことにする。

さて、ヴィクターは、「原発マフィア」を準備したのである。アメリカとソ連に原爆（水爆）闘争をやらせると同時に、原子力発電を視野に入れたのである。シラードがイギリス海軍に特許を申請し受理されたことは先に書いた。そのとき、シラードは次のように海軍の連中に語ったのだった。

「原子からエネルギーを発見し、爆弾のみならず、電気をもつくれるし、自動車、飛行機、工場も、この核分裂のエネルギーで動かせる」

シラードの狂気と誇大妄想を真剣に考えぬいたヴィクターは、原子力の無限の可能性を追求することにした。ルイス・L・シュトラウスについて書くべき時が来たようだ。

「原発マフィア」ルイス・L・シュトラウスの正体

ルイス・L・シュトラウス（一八九六―一九七四）について書くことにする。

シュトラウスはたたき上げの人物で、ヴァージニア州リッチモンドで成長した。彼の父親はユダヤ人移民で、その地で叔父と一緒に小さな靴問屋を営んでいた。一九一七年、シュトラウス青年はハーバート・フーヴァー（後の大統領。当時は食糧庁長官）のもとで働くため、家を離れてワシントンへ出た。彼はさらにニューヨークに行き、ウォール街の銀行クーン・ローブ商会で本格的にカネを稼いだ。シュトラウスは小柄ながら、堂々として、きびきびとし、仕立てのよい服装が好きだった。そんな彼を人は「身なりのよいふくろう」と呼んだ。シュトラウスはワシントンにある軍需品補給局で事務職に就いた。そこで彼は偶然にも、ウォール街で知り合ったジェームズ・フォレスタル海軍長官に会った。フォレスタルはすぐにシュトラウスを自分の個人的アシスタントとした。では、もう少し具体的に追っていくことにしよう。シュトラウスの正体を知るためである。

ワシントンに行ったシュトラウスはハーバート・フーヴァーに認められ、食糧庁の実質的な指揮をまかされた。第一次世界大戦が終わると、「平和交渉アメリカ委員会」のメンバーに選ばれた。この時期、シュトラウスはワシントンを去り、ニューヨークのクーン・ローブ商会で頭角を現わしていた。平和交渉アメリカ委員会のメンバーには、ウォルター・リップマン、ダレス兄弟、ウォーバーグ兄弟、トーマス・W・ラモント、マンデル・ハウス大佐、ウィルソン大統領、ダレス兄弟の叔父《おじ》で国務長官のロバート・ランシングらがいた。そして彼らの背後で、あのエドモン・ド・ロスチャイルド男爵が目を光らせていた。

クーン・ローブ商会はロスチャイルドのアメリカ代理店であった。シュトラウスはロスチャイルド一族の娘を娶《めと》り、共同経営者《パートナー》となっていた。シュトラウスは第二次大戦が始まると、多くの経済人がそうであったように、「年間一ドルの兵士」として軍隊に入った。そこで、同じく一ドル兵士として志願（形式上）した、ディロン・リード社の社長であったフォレスタル海軍長官と出会い、彼とともに海軍の指揮を執ったということである。

一九五〇年、ニューヨーク・タイムズ紙の中面の小さな欄に、「クーン・ローブ商会の共同経営者ルイス・L・シュトラウスがロックフェラー兄弟の財務顧問に任命された」という記事が載った。これは何を意味するのか。ロックフェラーの事業、投資はすべて、クーン・ローブ商会の共同経営者の承認を受けなければならないということである。

シュトラウスは一九五〇年から五三年まで顧問の地位にあった。シュトラウスの後は、同じクーン・ローブ商会のJ・リチャードソン・ディルワースが引き継いだ。ロックフェラー・センター・ビルの五十六階にクーン・ローブ商会の事務所があり、ロックフェラー家全体の財務を担当し、一族の銀行口座すべてを管理している。これは今日でも変わらない。もちろん、クーン・ローブ商会はロスチャイルドの代理をしているのである。ルイス・L・シュトラウスは、ロード・ロスチャイルドが見事に育てあげた優秀なるエージェントであった。

広島、長崎への原爆投下の後、トルーマン大統領は、「原子エネルギーの総合計画を作成すべし」とする世論の圧力を受けることになった。トルーマンは一九四五年九月二十一日、スティムソン陸軍長官に閣議で提案させた。その日は同長官の七十八歳の誕生日であり、彼が公的な席に現われた最後の機会となった。スティムソンは「核をオープンにすべきだ」と、メモも用意しないで発表した。ジェームズ・フォレスタル海軍長官はスティムソンの意見に異を唱えた。トルーマンはこの会議の後、十月の初めに、即席の記者会見を行ない、自分の立場を明らかにした。「秘密の最初の部分、すなわち、科学知識は知らせてやるが、第二の部分、すなわち工学上のノウハウは、どの国にも、たとえ同盟国のイギリス、カナダであっても教えない」

トルーマンは、ヴィクター・ロスチャイルドがソ連のスターリン首相に秘密警察KGB経由で、マンハッタン計画の前から原爆投下、そしてこのトルーマン発言のときにも、原爆の全情報とウラン鉱石を与え続けていた事実をまるで知らなかったのである。

トルーマン大統領と、新国務長官となったジェームズ・バーンズは正直なところ、原爆については何も知らなかった。バーンズは一九四五年十二月にモスクワを訪問した際、戦後の新しい世界機関にかかわる問題を公開の場で討議することでソ連の同意をとりつけた。帰国後、ディーン・アチソン国務次官を委員長とする委員会を設置した。アチソンはスティムソンの配下にあり、秘かにヴィクター・ロスチャイルドの「ザ・オーダー」グループの一員であった。原爆製造に関与したホワイトハウス科学顧問のパンネバー・ブッシュ、ジェームズ・コナントと、スティムソンの補佐官ジョン・マックロイ、そしてマンハッタン計画の表向きの責任者レスリー・グローブス将軍も含まれていた。ヴィクター・ロスチャイルドと通じているアチソンは、原爆の「国際管理案」を提出した。またこの委員会に勧告する顧問団を置くことを提案した。グローブス将軍はもはや彼自身が身を置く場所がないとして去っていった。ブッシュもコナントも沈黙を守り通した。アチソンが顧問団設置に固執し、一九四六年一月に顧問団が選ばれた。座長にはデーヴィッド・リリエンソールという四十六歳の法律家が選ばれた。彼はそれまでの六年間、ルーズヴェルト大統領が推し進めたニュー・ディール政策の主要な一つである水資源計画「テネシー渓谷開発公社（TVA）」の運営にあたっていた。しかし、彼は原子物理学については何も知らなかった。顧問団の他の顔ぶれは、「原爆製造の父」と呼ばれるロバート・オッペンハイマー、ニュージャージー・ベル電信電話会社社長のチェスター・バーナード、ゼネラル・エレクトリック（GE）副社長のハリー・ウィン、モンサント化学会社副社長のチャールズ・トーマスであった。

アチソン国務次官は二つの目標を顧問団に与えた。一つは、破壊を目的とする原子エネルギーの使用を防止すること。二つめは、世界から原爆を廃絶すると同時に、原子エネルギーを平和目的に利用すること。

この問題は、リリエンソール・グループに続く同種の委員会を二十五年間にわたって悩ますことになった。この顧問団が「アメリカ原子力委員会（ＡＥＣ）」へと発展していく（一九四六年八月設立）。

一九四九年九月三日、ソ連が原爆実験を成功させた。このニュースは、原爆から原子力空母、原子力潜水艦、原子力発電など、原子力と名のつくものなら何でも製造しよう、という情熱をアメリカ中に引き起こした。ヴィクター・ロスチャイルドの野望が見事に成し遂げられようとしていた。

アメリカ人は変貌した。東京大空襲の司令官でアメリカ戦略空軍（ＳＡＣ）長官、カーチス・ルメイはアメリカが核を独占していた時代を追想し、「我々がソ連を完全に破壊しても、そうすることで我々のひじにかすり傷の一つも受けなかったであろう――あの頃はそういう時代だったのだ」と回想している。陸・空の将軍たちは「ソ連恐怖論」を声高に唱え、毎年軍事予算のより大きな分け前を要求していく。原爆がアメリカの軍事戦略の中心となっていく。こうした風潮のなかで、原子力の平和利用としての原子力発電所が誕生してくるのである。

私たち日本人は、大きな〝平和利用〟としての原子力、すなわち核分裂を考えているが、平和利用とは軍事産業の一分野なのである。どうして原子力発電にアメリカは力を入れるようになったのか。核分裂から電力を取り出して、工場や一般家庭に送電するのは二次的目標なのである。それは今日でも変わらない。真の目的はプルトニウムを大量生産し、原爆製造、そして水爆製造をするためであった。製造後に大量に出てくる劣化ウランで爆弾を造り、世界各地での戦争を演出し、数十万、あるいは数百万単位で人々を殺害するためであった。劣化ウラン爆弾については後述する。

トルーマン大統領の一般諮問委員会はソ連の原爆実験の成功の後、原子力委員会(AEC)に水爆の賛否を問う。AEC初代委員長デーヴィッド・リリエンソールは、水爆製造に反対し、委員長の地位から去っていく。五人のAEC委員のうち政治的立場に立っていたのはリリエンソールただ一人だった。ルイス・L・シュトラウスはこの委員会のメンバーの一人となった。他の三人は原爆産業に多少なりとも利害関係のある人物だった。このAECの他に、「上下両院合同原子力委員会(JCAE)」ができた。

さて、ルイス・L・シュトラウスに的を絞ることにする。彼はAEC委員たちが水爆製造に消極的なのを知ると、味方を外部に求めたのである。間違いなく、彼の御主人のヴィクター・ロスチャイルドの指導によるものだ。タカ派の政治家や物理学者が彼のもとに集結した。水爆製造に強硬に反対したのは「原爆の父」、ロバート・オッペンハイマーであった。シュトラウスは、リリエンソールの後を継いでAEC委員長になったゴードン・ディーンに圧力をかけ続けた。一九五〇年六月、朝鮮戦争が勃発すると、トルーマンはシュトラウスとその強硬メンバーに屈し、五基の重水原子炉の新設を認めざるを得なかった。彼らは、巨大な核兵器備蓄で「平和の力」を買えるはずだと主張した。二代目AEC委員長ゴードン・ディーンは文民統制のもとで自分に与えられた任務を果たそうとしたが失敗した。こうした状況で、シュトラウスが一九五三年夏に、AECの委員長に就任した。

シュトラウスはAEC委員長として、ヴィクター・ロスチャイルドがワシントンを訪れると、彼のために特別な晩餐会を催した。しかし、シュトラウスは、自分の御主人であるヴィクターに向かってこのようなことを言った。

「居並ぶ紳士方、諸君の前で、ヴィクター・ロスチャイルド卿に聞きたい。共産主義者のストレッチャーが国防相をしているのに、なぜ我々は君に、秘密情報とされるものを渡さなければならないのか」

ヴィクターは、このシュトラウスの発言を受けて、「自分がアメリカで得た情報は、ストレッチャー氏には渡さない」と答えた。ヴィクターは戦後、労働党内閣が誕生すると、すすんで労働党に入った。そして、共産主義者に近いハロルド・ラスキー（ファビアン社会主義者）を労働党の委員長にすえた。また、多くの共産主義者たちを労働党に入れた。ストレッチャーもその一人だった。間違いなく、晩餐会の前に、シュトラウスはヴィクターにAECの秘密情報を流している。シュトラウスは、自分がヴィクターから独立した人間であることを証したかったのである。

この時期の大統領は、トルーマンを継いだドワイト・D・アイゼンハワーであった。アイゼンハワーもユダヤ人である。だが、その素性は今日でも隠されている。彼を出世させたのは、間違いなく、ヴィクター・ロスチャイルドである。詳細を知りたい人は、拙著『20世紀のファウスト』(上・下巻、二〇一〇年)を読まれるがいい。

シュトラウスはアイゼンハワーからある秘密工作を授かった。つまり、「連邦政府から〝赤狩り〟をせよ」との指令だった。「赤狩り」、すなわち共産主義者の追放はアイゼンハワーの選挙公約でもあった。シュトラウスは水爆製造に強硬に反対し続けていたオッペンハイマーを、連邦捜査局(FBI)のエドガー・フーヴァー長官の協力を得て、AECから追放する。ソ連の原爆スパイの汚名を着せて、だ。

たしかにオッペンハイマーはソ連のために少しだけ働いた。しかし、ヴィクター・ロスチャイルドほどの影響力はなかった。ヴィクターはアメリカとソ連の両方を見事に操っていたのである。クラウス・フックスという物理学者がスパイ容疑で告発されると、アメリカの科学者の

原爆エージェント、
ルイス・L・シュトラウス

水爆製造に抗した法律家、
リリエンソール

「原爆製造の父」、
ロバート・オッペンハイマー

ほとんどが、治安当局に悩まされることになった。オッペンハイマーもAECを去り、不遇な晩年を送ることになる。オッペンハイマーの悲劇はシュトラウスを悩ませることになった。

「私にたとえできることであっても、私は原爆およびそのどの部分も抹殺するつもりはない。私は人間が発見するものはなんであれ、人間の将来にとって役に立つと信じている。私にとっては、この考えは人々がそのためには命を辞さない信念と同じだ」

このシュトラウスの思想こそが、日本の政治家、物理学者、原発製造に関わった人々が抱いている思想にちがいないのである。シュトラウスは原爆反対運動、平和運動を軽蔑した。このことは日本の原発マフィアと酷似している。

「ガンジーなら無抵抗でクリシュナ神の前に身をさらすだろう。昔もフン族やタタール族に対してガンジーのような立場をとった人たちがいるはずである。しかし、歴史にはそのような人たちの記録は残っていない」

このシュトラウスの言動に、敗北したオッペンハイマーは、こう反論した。

「物理学者たちは罪を知っている。我々は自分の手を汚した。原爆は麻薬だ。原爆は軍事的に意味のない兵器だ。それは大爆発――非常な大爆発――を起こすだろうが、戦争では役に立つ兵器ではない」

私たち日本人はオッペンハイマーのこの言葉を重く受け止めなければいけない。私は冒頭の「序として」で、「原発は原爆と同じである」と書いた。オッペンハイマーの「原爆」の言葉を

「原発」に換えて、読者は今一度読み返してほしい。「原発は麻薬」なのである。一度手にしたら、二度と中止はできないのである。

一九五三年八月、ソ連が初の水爆を爆発させた。アイゼンハワー大統領はジャクソン補佐官とシュトラウスを執務室に呼び、自身のアイデアを述べた。

「核兵器保有国が核分裂物質を『原子力プール』に預け、そこから平和目的に配給することは可能だろうか。その量はアメリカの備蓄からは捻出できるが、ソ連にとっては対抗することがむずかしいという水準に設定すればいい」

シュトラウスは「原子力プール」というアイゼンハワーの思いつきを国家戦略に仕立てていった。一九五三年十月三日、アイゼンハワー、シュトラウス、ジャクソン、それに国務省と軍の首脳たちがホワイトハウスで朝食をとりながら「原子力プール」についての計画を立てた。後にこの計画は「朝食計画」と名付けられた。ここから「平和のための原子力」という言葉が生まれてきた。日本人は、特に原子力発電を推し進める原発マフィアたちは、この言葉を今日でも使い続けている。アメリカはこの「平和のための原子力」という言葉を盛んにピーアールした。こうして「恐怖の原子力」というイメージが消えていった。この言葉を世界中の政治家たちがこぞって使い始めたのである。シュトラウスが勝利し、オッペンハイマーが敗北した。「核拡散」こそが、原子力の平和利用であるとされた。

一九五三年十二月八日、アイゼンハワー大統領は、国連総会で、三千人の参加者を前にして演説した。

「……アメリカ戦略空軍司令部（ＳＡＣ）の爆撃航空団のどれか一つが一回の作戦で、第二次世界大戦中ドイツに落とした全爆弾を上回る爆発を有する原爆を投下できるだろう。アメリカ海軍の空母一隻でも一日で、第二次世界大戦中、ドイツ軍がイギリスに落とした爆弾やロケット全部を合わせたより多くの爆発力を持つ原爆を発射できるだろう。私たちは『原子力プール』を保有する新しい国際機関を作らないといけない。この国際機関は原爆という兵器を軍人の手から引き離すだけでは十分ではない。その軍事的枠をはずし、それを平和目的に適用する方法を知っている人の手にまかせなければならない。そうすれば、電力不足で原始的な生活を強いられている世界の未開発の地域の人々を助けるために、世界各地に建設される発電用原子炉が電気を配分する。砂漠を豊かにし、世界の凍えた人々を暖め、飢えた人々に食を与え、貧しい人々を救うであろう……」

この演説の内容はコピーされ、世界中にバラまかれた。演説の後、アメリカ中の新聞、ラジオ、そしてテレビが演説の内容の説明や特集番組を組んだ。平和目的の原子力の分野への期待が高まった。メディアは未来の原子力に希望をたくした。「医師たちのための原子力」「ガンとの闘いでも原子力」「原子力機関車の開発」「原子力動物園」……。

世界はアイゼンハワーの言葉を信じた。「説得力のある平和論」と讃えられた。しかし、「原子力プール計画」は実現しなかった。ソ連が応じなかったからである。

それでも、ヴィクター・ロスチャイルドは喜んだにちがいない。ウラン鉱山の八〇パーセント近くを彼は支配していたからである。そして、彼はさらに世界中のウラン鉱山を探査するのである。アフリカ大陸に的が絞られた。南アフリカの金山からウランが出た。そして今、ロスチャイルドは、オーストラリアに世界最大のウラン鉱山を持つ。

さて、もう一度、ルイス・L・シュトラウスに戻ることにする。

暗号名「ブラボー」と名付けられた爆弾はその名のとおり、爆発強度がすごかった。しかし、その名のように「ブラボー」な代物ではなかった。一九五四年三月一日、ビキニ環礁の地表で起爆された「ブラボー」は、数百万トンの珊瑚《さんご》を粉々にしただけではなかった。珊瑚の微片の一片一片が、高濃度の放射能を帯びて粉々にされ、急速に膨張した火の玉の中に吸い上げられたのだ。この高濃度の放射能を帯びた一片一片が白い雲に乗せられ、運ばれていった。この微片が七千平方マイルの水域に降下し始めた。

島民たちは最高一七五レントゲンの放射能を浴びた。アメリカ原子力委員会（ＡＥＣ）はこの事実をごまかそうとした。しかし、「ブラボー」実験からの放射能降下物が、一隻の日本マグロ漁船「第五福竜丸」の上に大量に降りそそいでいた。この漁船に大量に〝死の粉〟が降りかかったのだ。漁船は危険水域をわずかにはずれたビキニ島の東方にいた。風向きの変化が漁船に大量の死の灰をもたらしたのである。

三十九歳の乗組員が死んだ。日本中に反核実験の抗議が燃え上がった。この日本の抗議運動はたちまち国際的なものになっていった。アイゼンハワーに喚問されたシュトラウスAEC委員長は、「日本人漁船員たちがブラボー実験水域に、向こう見ずにも足を踏み入れた。死の灰はごくわずかで、いかなる生物にも少しも有害な影響は与えない」と語った。新聞記者たちはシュトラウスに質問した。そのうちの一人の記者が「水爆はどこまで大型にできるのか」と彼に問うた。シュトラウスは、「水爆の性質からして、事実上、望みどおりに大型化することができる。軍事上の必要に応じていくらでも大きくできる。すなわち都市一つを滅ぼすに十分なほどに大きくできる」と答えた。

「どんな都市でもとは、ニューヨークでも？」

「ニューヨーク都市圏なら、イエス」

やがて、シュトラウスはAECを去っていった。しかし、シュトラウスの予言は的中した。日本が今、原発で滅びようとしているのである。水爆「ブラボー」と原発は、同じ核爆発なのである。

［第2章］日本の原発マフィアたち

日本の原発マフィア第一号、正力松太郎

正力松太郎《しょうりきまつたろう》（一八八五－一九六九）と原発について書くことにする。彼はまさに「日本の原子力の父」である。彼と原発との関係は、ノンフィクション作家・佐野眞一の『巨怪伝』（一九九四年）に詳しく書かれている。その佐野眞一が「謀略の昭和裏面史」（『別冊宝島』二〇〇六年）という雑誌の特集のインタビューを受けて、正力松太郎について次のように語っている。

いちばん大きかったのは、ＧＨＱ経済科学局の副官だったキャピー原田という日系二世の米軍情報将校に助けられたことです。原田はかつてアメリカのノンプロ野球チームの選手だったことがあって、昭和十一年に訪米した巨人軍と対戦してあの沢村栄治からホームランを打っているような人物なんですね。それで故国のプロ野球再興に尽力するのですが、そのとき彼は正力と組むわけです。それで正力が初代コミッショナーに就任することになるのですが、それが正力が日本社会で復権を果たすうえでの足がかりになったのです。しかし、その後の正力は初の民間テレビ局である日本テレビを開局し、巨大なメディア・グループである読売グループを育て上げました。読売グループは周知のとおり保守反共路線

ですね。それから彼は原子力の導入にも大きな役割を果たしていくことになります。こうした正力の軌跡は、そのままアメリカの対日政策の変遷と重なります。これは決して偶然ではないと私は思いますね。

この佐野眞一の言葉は、「そういう人物（A級戦犯）がなぜ、戦後あれほどまでに復活できたのですか」との質問に答えたものである。佐野眞一は取材記者の問いに正力の前歴を語っている。

たとえば、A級戦犯で死刑になった人は七人ですが、A級戦犯容疑者として拘留され、後に不起訴となって出てきた人はそれよりずっと多い。正力松太郎もそうです。彼は読売グループの総帥にして日本プロ野球の生みの親なわけですが、じつは戦前には警視庁刑務部長を務めた大物官僚で、戦時中も大政翼賛会総務や貴族院議員を務めていたんですね。終戦後はA級戦犯容疑で巣鴨プリズンにも入っていたという人物です。

正力松太郎について、もう一冊の本を紹介する。有馬哲夫の『日本テレビとＣＩＡ』（二〇〇六年）である。有馬哲夫は同書の「序」の中で次のように書いている。

二〇〇五年も押し詰まったころ、私の探求の旅はようやく終わりを迎えていた。ワシントンDCの郊外にある国立第二公文書館から衝撃的資料がでてきたのだ。「CIA文書正力松太郎ファイル」。この資料には、前に誰かが読んだことを示す折り目がついていなかった。(中略)中身にいたっては、CIAが極秘に正力を支援することを作戦とし、その実施のための必要書類の作成を命じたり、作戦に実施許可を与えたりしたというものだった。これ以上の直接証拠があろうか。しかも、この作戦のなかで正力はCIAから「ポダム」という暗号名まで与えられていた。この暗号名は日本テレビ創設以降もCIA文書に登場し続けることになる。正力ファイルが四百ページ以上にものぼるのはこのためだ。

正力松太郎の懐刀で、原子力と正力を結びつけて影で活躍した人物に柴田秀利《しばたひでとし》がいる。彼は正力を「原子力の父」と呼ばせる仕掛人となった。有馬哲夫の『日本テレビとCIA』によると、NHKのニュース解説者を務めた末、電波監理委員会に随行してアメリカを視察、テレビ導入に奔走した男として登場する。同書によると、「CIAが日本テレビを工作の対象として動きだすのは一九五三年の三月二十五日になってからのことだ」とある。しかし、有馬は、どうして一九五三年三月二十五日なのかについては書いていない。しかし、参考になることを有馬は示唆している。

一九五三年三月二十四日、柴田は正力ら讀賣関係者と菅原らドゥマン・グループに見送られ、野村が書いたキャッスルへの紹介状を懐に、一〇〇〇万ドルの借款獲得のために羽田空港からアメリカに飛び立っていった。前述の通り正力の調書の作成を求める文書が極東支部からCIA本部に送られていた。つまり、CIAが工作として取り上げる見通しがついたので、ドゥマンが菅原にOKをだして柴田をアメリカに送り出させたのだ。

アメリカの対日政策の変更を促すためにワシントンに「アメリカ対日協議会（AJC）」という組織がつくられた。ドゥマンはその一員であった。「野村」とは、野村吉三郎《きちさぶろう》元駐米大使である。

この文章には、一千万ドルをCIAを通じて、いかに正力がアメリカから獲得するかと工作

和製原発マフィア第1号、正力松太郎

日系二世キャピー原田はGHQ副官として暗躍

柴田秀利（右端）が正力（左から二人目）と原子力を結びつけた

した模様が書かれている。しかし、原発に関するものは書かれておらず、その後の有馬の追跡記事にも、原発にまつわる文章は出てこない。

私は前章で、第五福竜丸について書いた。「ブラボー」が爆発したのは一九五四年三月一日。そして、柴田秀利がアメリカに旅立ったのは、前年の同じ月の三月二十五日。何か、関係があるのではなかろうか。私はCIAが正力に、一千万ドルを与えるかわりに、原子力の平和利用への協力を要請したとみるのである。

三月一日、アメリカがビキニ環礁で水爆実験をし、第五福竜丸が被曝したニュースを、読売新聞が三月十六日にスクープして報道した。アメリカは驚いたにちがいないのである。佐野眞一は『巨怪伝』の中で次のように書いている。

ビキニ環礁での水爆実験は
作戦名「ブラボー」と称された

船員23名全員が被曝した
マグロ漁船「第5福竜丸」

第5福竜丸から水揚げされた
マグロの放射線量を調べる係官

東京・杉並区の主婦の署名運動は
空前の原水禁運動へと拡大した

第五福竜丸のスクープ記事が読売の紙面をかざってから間もなく、柴田は銀座の「源」という鮨屋で、一人のアメリカ人と一見浮世ばなれした議論を重ねていた。放射能の影響からマグロの値段が半値に暴落し、東京・杉並区の一主婦から始まった原水爆実験禁止の署名運動がまたたく間に三千万人の賛同を得ていた頃だった。（中略）

数日後、柴田は結論を告げた。

「日本には昔から〝毒は毒をもって制する〟という諺がある。原子力は諸刃の剣だ。原爆反対を潰すには、原子力の平和利用を大々的に謳いあげ、それによって、偉大なる産業革命の明日に希望を与える他はない」

この一言に、アメリカ人の瞳が輝いた。

「よろしい、それでいこう」というと、柴田の肩をたたき、体を抱きしめた。

読売新聞がどうして日本テレビを創り上げることができたのかを、この文章が見事に示している。では、ワトソンとは何者なのか。佐野は「その柴田の前に突然、現われたのが、D・S・ワトソンというアメリカ人だった。現在もアメリカに住むワトソンは、今もってその身分を明かしていない」と書いている。

D・S・ワトソンとは何者なのか。

柴田秀利は自身の半生を回想した『戦後マスコミ回遊記』（一九八五年）の中で次のように書

いている。

このまま放っておいたらせっかく敵から味方へと、営々として築き上げてきたアメリカとの友好関係に決定的な破局を招く。ワシントン政府までが深刻な懸念を抱くようになり、日米双方とも日夜対策に苦慮する日々が続いた。このときアメリカを代表して出てきたのがD・S・ワトソンという私と同年輩の、肩書きを明かさない男だった。

柴田は、日本テレビという放送局がどうして誕生したのか、そして、正力が原子力発電所になぜに情熱を燃やす気になったのかも書いている。

当時の日本人ならだれでもそうだったと思う。敗戦、占領、貧困の苦汁をなめさせられた祖国が、混迷から抜け出して、経済と文化の復興に、間違いのない、確かな一歩を踏み出すという、夢と抱負に燃え立った時ほど、幸せな瞬間はあるまい。一〇〇〇万ドル、当時の換算で四〇億円という小切手を手にして、私はまさに幸せの絶頂にあった。テレビの全国ネットワークばかりか、世界最高の通信革命を起こし、エレクトロニクス技術をもとに、国の再建ができる。その上に、やがては原子力の平和利用によって、石油の一滴も出ない国に無限のエネルギー源を生み出させることもできる。夢はどんどんふくらんで、とどまるところを知らなかった。

CIAから暗号名「ポダム」を与えられていた正力は、輝かしい日本の未来を願い、CIAから一千万ドルの小切手を貰って日本テレビを創り上げ、かわりに、三千万の人々の反原爆運動を「毒をもって毒を制する」方法で、原子力の平和利用を工作したというわけである。

アイゼンハワーの「アトムズ・フォー・ピース」演説が一九五三年十二月八日、そして、一九五四年三月一日に第五福竜丸が被曝、三月三日に保守三党が原子力予算案を突如、提出した。このことについては次項で書くことにする。そして三月十六日、読売新聞が第五福竜丸事件をスクープした。なおも、偶然は重なっていく。柴田の本を続けて読んでみよう。

まさかCIA要員だったならば、国籍を異にする女性(作者注・笹田しげ子)を娶《めと》るはずがないと思い、単刀直入に聞いてみると「違う、自分は国防省の人間である。ホワイトハウスと直結しているから、大使館など、まどろっこしいところを経由する必要がない」

一九九四年三月十六日、NHKが放映した特別番組「現代史スクープドキュメント——原発導入のシナリオ」の中で、NHKの取材クルーがメキシコに住んでいたワトソン自身にインタビューしている。そこでワトソンは、第五福竜丸事件の以前から正力と会っていたことを明かしている。ただし、その時点では「正力は（原子力に）興味を示さなかった」と証言している。「日本は原子力を利用したがった。その必要性を理解して最大限の活用をしようとしました。我々も、日本がプルトニウムの悪用さえしなければよかった。それは我々が最初から望んでいたことで、何の悔いもありません」

私は前章で、ルイス・L・シュトラウスについて書いた。彼はヴィクター・ロスチャイルドの使用人であり、「いかに〝核〟を拡散して利益を得るか」という御主人の意向を受けて、ワトソンを「ポドム」こと正力のもとへ送り込んだとみている。シュトラウスは前述したように、第五福竜丸事件でアメリカ国民から強い非難を受けていた。「ブラボー」投下の責任者だったからである。せっかく、アイゼンハワーに核の平和利用を全世界に発表させて大成功を収め、御主人を喜ばせていたからである。

第五福竜丸の被曝事件の後、ワトソンは日本を訪れ、正力に面会した。ワトソンはシュトラウスの書簡を正力に示したものと思われる。正力はCIAの要員として、一千万ドルを受け取るかわりに、シュトラウスの要望を受け入れたのである。

『ヒロシマ・ノート』を書き、反原爆のリーダーの役を演じたノーベル賞作家・大江健三郎でさえ、『核時代の想像力』（一九七〇年）の中で次のように書いている。

核開発は必要だということについてぼくはまったく賛成です。このエネルギー源を人類の生命の新しい要素にくわえることについて反対したいとは決して思わない。しかし、核開発を現にわが国で推進しようという人間は、核兵器の殺戮にかかわる側面、核兵器としての人類の死にかかわる側面を否定している人間でなければならない。

私はここで、武田徹の『「核」論』(二〇〇二年)を紹介する。原子力平和利用の大いなる偽瞞《ぎまん》を暴いた文章を読者に読んでもらいたいからである。

正力の戦略は原子力平和利用への熱望を育てることに成功していく。被曝があるからこそ、期待が高まる。オセロゲームで、黒のコマを一気に白に変えるような見事な手腕で、正力は大衆社会の原子力への期待を煽りに煽り、それを一身に受け止めて衆議院議員に初当選を果たし、かつて学術会議で議論された軍民を統括するアメリカ原子力委員会と同じ名前の組織を作って良いのかという問題を一切考慮することなく、強引に原子力委員会を設置して、自らその初代委員長に着任、科学技術庁長官として入閣を果たした。

この文章を読まれた読者は、オセロゲームを仕掛けられたことに気づかなければならない。大江健三郎のような「ぼく」は何にも考えない〝ぼんぼん〟だから、ヴィクター・ロスチャイルド、ルイス・L・シュトラウスの仕掛けた罠《わな》に気づかないのである。正力松太郎はA級戦犯として死刑から逃れるために、岸信介《きしのぶすけ》、笹川良一《ささかわりよういち》、児玉誉士夫《こだまよしお》らとともに、人間として最も大事な〝魂〟をアメリカに売って、ＣＩＡの手先になった人間の〝屑〟であることを知る必要がある。読売巨人軍のファンもこの事実を知って考え直せ、と言いたい。テレビでプロ野球を見せるのも、ＣＩＡの対日工作の一つなのだ。

読売新聞は一九五五年元旦、「原子力平和使節団招待」という社告を第一面に掲げた。

「原子力は学問的にみても、とっくに技術開発の段階さえ終わり、工業化と経済化への時代、それも輝くばかりの未来柱を暗示する時に来ている。広島、長崎、そしてビキニと、爆弾としての原子力の洗礼を最初にうけたわれわれ日本人は、困難を押し切ってもこの善意により革命達成の悲願に燃えるのは当然だ」

まさにオセロゲーム的な文章である。〝善意〟でなくて〝悪意〟ではないのか。読売新聞は、第五福竜丸のニュースをスクープしたにとどまらず、一九五五年十一月一日から十二月十二日までの四十日間にわたって、東京・日比谷公園で「原子力平和利用博覧会」を開催した。あのシュトラウスＡＥＣ委員長の召使い、Ｄ・Ｓ・ワトソンと柴田が仕組んだ、巨大なオセロゲームであった。佐野眞一の『巨怪伝』から引用する。

　会場には、原子力列車や原子力旅客機などの模型が並べられ、原子力の〝明るい未来〟を謳いあげた。最大の呼び物は、前年の三月、ビキニ環礁で被曝した第五福竜丸の展示だった。正力は、世紀のスクープと騒がれ、原水禁運動のシンボル的存在となった第五福竜丸まで逆手にとり、原子力平和利用の〝興行〟に仕立てあげた。

武田徹が「オセロゲーム」と表現したのはこのことだったのである。正力から日本人は甘くみられていたのである。その正力をシュトラウスの召使いD・S・ワトソンが脅し続けていたというのが、原子力の平和利用計画の真実の姿なのである。

佐野のこの文章の続きを読んでみよう。とにかく悲しくなるのである。当時、読売新聞社の企画部長であり、一九九二年五月に他界した村上徳之の「決死の原子展」という文章からの引用である。

原発を肯定した反戦作家・
大江健三郎はノーベル賞受賞

ＣＩＡエージェントとして
生涯を全うした児玉誉士夫

Ａ級戦犯として収容された巣鴨
プリズンで撮影された笹川良一

展覧会場での苦心談を拾うと、コバルト六〇を放射した水槽で、亀と金魚の実験をやったが、付近は相当強い放射能があり、人体に影響なしとせずなどと専門家が忠告したので、このカウンターの操作実験に当った東大生がこわがってご免蒙るといい出した。これには困った。

またコバルト六〇を移植した金魚は三、四日で死ぬ。しかし、死んだ金魚でもむやみに捨てられぬのだ。大切に保管して東大にもちこみ、コバルトを金魚の腹から摘出して貰うのである。これも大変な仕事だ。

しかし、なんといっても、福竜丸の実物資料が展覧会のヤマだ。福竜丸が繋留してある静岡県焼津まで部員が飛び、貴重な資料をもち帰ったが、当時まだ相当放射能に汚染されており、物によっては毎秒一万から三万カウントもある。こうなると体を張っての仕事だ。

私はこの文章を読んで、悲劇が見せ物になるということがよく理解できた。正直に書くことにしよう。私は原稿用紙にこの文章を写しつつ、昔、私が若かった頃に流行《はや》った西田佐知子の「東京ブルース」(作詞・水木かおる)の一節を口ずさんでいたのである。「……泣いた女がバカなのか、だました男が悪いのか……どうせ私をだますなら、死ぬまでだまして欲しかった。恋の未練の東京ブルース……」

この文章には続きがある。

村上の部下は、文部省から許可を受けた第五福竜丸のロープやブイばかりか、ハンマーを使って、方向舵や通風筒までとり外し、焼津から日比谷公園の会場に運んだ。

読売は連日のように、この博覧会のもようを報道し、会期中の入場者は三十六万人にも達した。正力はそれだけでは満足せず、名古屋、大阪はもとより、北海道、九州にいたるまで巡回興行を打ち、日本中に原子力平和利用ブームをばらまいていった。

平成の今日でも、電力会社の依頼を受けて「安全神話」を垂れ流す学者、スポーツ選手、芸能人がたくさんいる。この第五福竜丸の「悲劇」が「安全神話」へと変貌したのは、日本人があまりにも欺《だま》されやすい民族であるからだ。「オセロゲーム」が演じられ続けて、今回の3・11事件が起きたのである。

原発マフィア第二号、中曽根康弘

中曽根康弘《なかそねやすひろ》ほどの複雑な政治家はそういるものではない。二〇〇三年八月、小泉純一郎首相は来る衆議院選挙で出馬予定の中曽根元首相（当時八十五歳）に年齢オーバーという理由のもとに引退勧告を行なった。自民党比例ブロックで〝終身一位〟が約束されていた。昭和がひとつ、その姿を消したかに見えた。しかし、中曽根康弘が和製原発マフィア第二号であり続けることは間違いない。本当は正力松太郎よりも中曽根のほうが原発との関係が長くて深いのである。その件は後述することにし、彼の裏面を見てみよう。

一九一八年（大正七年）に群馬県・高崎に生まれた。東大卒業後、内務省に入省し、ただちに海軍経理学校に入校。海軍主計士官として南方戦線や台湾、海軍省勤務などを経て終戦を迎えた。この間四年、最終的な階級は海軍主計少佐であった。

中曽根は東大法学部時代に東急グループの御曹司・五島昇《ごとうのぼる》との親交があった。この縁がもとで政治家への道が開けた。内務省特高警察を指揮していた正力松太郎と東京電鉄創業者の五島慶太《けいた》（五島昇の父）が東大法学部の同期であった。先に紹介した佐野眞一の『巨怪伝』には、「正力は東条内閣当時、岸信介商工大臣の推薦で貴族院議員に列せられ、敗戦間近い昭和十九年十月には鮎川義介《あゆかわよしすけ》、小泉信三《こいずみしんぞう》などとともに小磯国昭《こいそくにあき》内閣の顧問に選ばれていた」と書かれている。正力は岸信介、鮎川義介とともに天皇の血族と深く交わっていた。鮎川義介の義弟が久原《くはら》房之介《ふさのすけ》（日立製作所の創立者）である。

中曽根が初めて政界に出たのは一九四七年四月の衆議院選挙で初当選してからである。このときの事実上の選対本部長役が五島昇であった。中曽根は当選の直後に故郷の高崎に政治団体「青雲塾」を立ち上げている。反共・右翼の団体である。彼と右翼の大物たち、田中清玄《たなかせいげん》、久原房之介、児玉誉士夫らとの交流は戦後すぐに始まっている。彼の人脈には他に、萩原吉太郎《はぎわらきちたろう》（北炭社長）、渡邉恒雄《わたなべつねお》（現・読売新聞グループ会長）、永田雅一《ながたまさいち》（大映社長）らがいた。

中曽根を支えたのはこうした裏の世界に生きる〝利権屋〟たちだった。彼は、政治家として児玉誉士夫の巨大な利権のために働いてきた。田中角栄が逮捕・起訴され、その背後に児玉誉士夫の存在が明らかとなったロッキード事件でも、中曽根は児玉のために暗躍していた。児玉がロッキード社から多額のコミッションを提示され、哨戒機P３C導入工作のオファーを受けていたことが明らかになった。しかし、世にいうP３C疑惑は真相がまったく解明されないままに終わった。

「ロッキード事件は、アメリカ政府、あるいはCＩＡが、政治家・田中角栄を葬るために仕組んだ謀略事件である」という説がある。これは単なる陰謀説ではないのかもしれない。児玉が逮捕・起訴されなかった背景にCＩＡの存在が浮かびあがってくる。児玉はCＩＡの要員だった。その子分が中曽根である。この観点に立ち、中曽根と原発の関係を見なければならない。「中曽根を首相にしたかった」とは、児玉誉士夫の臨終(一九八四年一月)の言葉である。児玉は原発マフィアでもあった。

中曽根はアメリカ特別大使J・F・ダレスが来日(一九五一年一月)した際に、ダレスに航空および原子力の研究の自由を求める書簡を送っている。一九五二年四月二十八日に講和条約が発効しているから、その約一年前のことである。マッカーサー総司令官の許可を得て、理化学研究所(理研)の後身にあたる株式会社科学研究所(初代社長・仁科芳雄《にしなよしお》)が、阪大、京大とともにサイクロトロン施設を再建することとなり、一九五二年から建設工事を始めていた。核物理実験用の加速器シンクロトロンであった。

一九五四年三月二日、衆議院予算委員会の席上、一九五四年度予算案に対する自由党、改進党、日本自由党の三党共同修正案が提案された。総額五十億円の修正案のうち、三億円が科学技術振興費に充てられ、原子炉築造費(二億三千五百万円)、ウラニウム資源調査費(一千五百万円)、原子力関係資料購入費(一千万円)が盛り込まれていた。ここに総額二億六千万円の原子力予算が突然に出現することになった。改進党の中曽根康弘、稲葉修、齋藤憲三、川崎秀二らが、この予算案の作成を根回しした。予算が成立したのは四月三日であった。この予算案提出の主役は中曽根であった。原子炉築造費二億三千五百万円とは、「ウラン235からとった」と中曽根が告白している。第二十三回衆議院科学技術振興対策特別委員会の会議録第四号に、一九五五年十二月十三日、委員会で「原子力基本法案」が議題となったとき、保守合同していた自民党を代表して中曽根が提案理由を説明したとの記録がある。後にこの法案について記すことにする。

中曽根康弘は〝原発マフィア〟であった。それも日本がまだ独立していない時期からである。児玉誉士夫の子分となり、政治資金を貰い続けているうちに、児玉同様にアメリカの、特にCIAのエージェントになっていたものと私は推察している。中曽根は一九五三年七月から十一月まで、ハーバード大学の国際問題研究会に出席するために渡米している。この旅の途中で彼の面倒をみたのは当時ハーバード大学の助教授だったヘンリー・キッシンジャーだった。キッシンジャーは当時ネルソン・ロックフェラーのブレーンであったが、助教授になる前にロスチャイルドが実質的に支配するタヴィストック研究所に行っている。いわば、ロスチャイルドの

海軍士官時代の中曽根康弘
(中曽根弘文議員HPより)

東急電鉄創始者・五島慶太
は「強盗慶太」の異名を持つ

1955年11月、保守政党が合同、
自由民主党が結成された

仁科芳雄博士は戦後も原子力の研究を続けた

渡米した中曽根を世話したキッシンジャー

ネルソン・ロックフェラーは共和党外交に大きな影響を

エージェントでもあった。

中曽根は四カ月もかけて、何が目的でキッシンジャーの世話を受けたかを考えるとき、謎が解けてくる。彼と同行していたのが元海軍大佐の大井篤《おおいあつし》だった。大井は戦後、GHQ（連合国軍最高司令官総司令部）側の人間となり、GⅡ（参謀第二部）のチャールズ・ウィロビーのもとで働いていた。佐野眞一の『巨怪伝』から引用する。

中曾根はその著書のなかで、「これがわが国における〝第三の火〟のスタートとなった」と書いている。中曾根が原子力予算案を提出したのは、アメリカが極秘裡のうちにビキニ環礁での水爆実験を行なってからまだ二日後のことだった。ここから浮かびあがってくるのは、中曾根はビキニの核実験をひそかにアメリカ側から知らされた上で、あえてこの日に原子力予算をぶつけてきたのではないかという疑惑である。

さきに述べたように、読売がこの水爆実験をスクープするのは、三月十六日のことだった。もし読売のスクープが出たあとであれば、当時の国民感情からいって、この予算案は通るどころか、上程することすらできなかったはずだった。

児玉が巣鴨プリズンから出たときに、CIAのエージェントになったと私は書いてきた。岸信介元首相も、正力のようにCIAのエージェントであった。彼にもコードネームがあるはずなのだ。同時に中曽根もCIAのコードネームがあると確信している。『巨怪伝』を続けて読んでみよう。

「……中曾根に参加をすすめたのは、GHQの対敵諜報部（CIC）に所属していたコールトンという人物で……」

と書かれている。マッカーサーはCIAに日本での諜報活動を認めなかった。CICとは、GHQの防諜隊のことである。占領中、CICには強力な権限が与えられていた。日本の法律によらず、日本人を逮捕することができた。そのCICがなくなった後、CIAが秘かにCICの後を継いで独自の諜報組織をつくっていた。中曽根は、CIC、そしてCIAの要員となっていった。

一九四九年から一九六〇年ごろまでの中曽根の言動をまとめた米陸軍の「中曽根ファイル」がある。以下、春名幹男の『秘密のファイル――CIAの対日工作』（二〇〇〇年）から引用する。

一九五四年九月三十日、米陸軍情報部は中曽根の言動を、要旨次のようにまとめた。

【新進政治家】一九四九年九月、「青雲塾」を結成し、反共愛国運動に積極的に参加。一九五〇年、スイスの道徳再武装運動（ＭＲＡ）国際会議に参加、西独、仏、英、米の各国訪問

【責任が増す】一九五一年一月、国際共産主義、平和・非武装に反対する国土防衛研究会に参加。「無名の若手政治家から一段高いレベルに」

【アジアの団結】一九五三年一月、青雲同志会で演説、講和条約と日米安保条約からの撤退と真の独立、アジアの団結を主張。同六月、群馬県で演説、米軍による浅間山、妙義山での演習に反対

【中曽根が第一】同七－十月、ハーバード大学国際セミナーに短期留学

【アドバイザーを自任】一九五四年一月、ニクソン米副大統領に「アメリカが対日関係で過ちを起こしたと認めたら、米提案に従う」とアドバイスした、と主張

【政治フットボール＝原子力研究】一九五四年、研究用原子炉建設を提案。原爆製造に使われる恐れ、との批判を受けて、原子力平和利用に限定する、との条件を付与、予算額を減額

【〝共存〟に賛成？】一九五四年七月、ストックホルムの世界平和集会に参加後、ソ連、中

国を訪問。①日本は中ソとの関係樹立を検討せよ②親米の吉田政権を打倒せよ③日本の再軍備で米軍撤退を——と主張した。

——といった調子だ。

【 】の見出しは米陸軍情報部の原文のままだ。

春名幹男は『秘密のファイル』の中で、中曽根がCIAのエージェントであると思わせるような文章を書いている。

「CIAは日本の歴代の首相および、次期首相候補の周辺に、情報提供者を確保してきた」

ビクター・マーケッティ元CIA副長官補佐官はそう断言する。CIAはそのため、首相周辺の人物を情報協力者としてスカウトしてきた。

中曽根首相も例外ではなかった。CIA東京支局の要員が、中曽根に近い人物をエージェントとして開拓した事実がある、という。中曽根が外遊して、このエージェントが同行すると、CIA要員もその陰に隠れるようにして出張した。

かつて、首相時代に中曽根は、「日本はスパイ天国だ」と発言したことがある。CIAの活動が自由な国は、西側同盟国の中で日本だけである。

さて、原子力の平和利用の問題へと話をすすめる。読者は前章の「シュトラウス」の項を思い出してほしい。中曽根が夏期セミナーに参加した頃、一九五三年八月、ソ連が水爆実験に成功している。ルイス・L・シュトラウスを中心とした強硬派が核の予算獲得を主張していた頃である。シュトラウスがアイゼンハワーを動かし、「アトムズ・フォー・ピース」の演説の準備に入っていた。私はシュトラウスが日本を一つの大事なファクターとして考えていたと思う。そして、CIAが、彼らのエージェントとして大事にしていた大井篤(終戦時、海軍大佐)を中曽根(終戦時、海軍少佐)の目付役にして、シュトラウスAEC委員長のもとへ送り込んだとみる。中曽根は帰国後、変貌して、原子力の平和利用を説いて回りだすのである。シュトラウスは唯一の原爆を落とされた国ニッポンに的を絞り、原子力の平和利用の国家としようとしたのである。佐野眞一も『巨怪伝』の中で書いている。

外国人である中曾根が、原子力平和利用研究の進捗ぶりを「つぶさに視察して回る」ことは、常識的に考えれば、不可能なことだった。

中曾根がアメリカから帰国後の十二月、アイゼンハワー大統領が発表した〝アトムズ・フォー・ピース〟構想の一つのねらいは、アメリカが原子力潜水艦の建造で開発した加圧水型原子炉を使って世界の原子力発電を推進する、その燃料としてアメリカの濃縮ウランを提供する、というものだった。

中曽根は「軍部が独占していた原子力研究が規制がとかれて民間に公開され、このため経済界がつくった原子力産業会議が活動し始めていることが分かった」と自著の中で書いている。その当時のアメリカの原爆行政を一手に支配していたのは前章で書いたようにルイス・L・シュトラウスである。中曽根はそれとなく、シュトラウスと会ったと告白しているように読める。訪米中の中曽根の行状については『巨怪伝』が詳述しているのでここでは書かない。彼がアメリカで原子力について調査したことが書かれている。

もう一度、原発マフィア第一号、正力松太郎に話を戻すことにする。

正力は一九五五年、富山二区から無所属で出馬、衆議院議員に初当選した。同年の十一月十五日、保守合同が成され、自由民主党が結成された。翌一九五六年一月一日、正力は原子力委員会の初代の委員長となった。首相は鳩山一郎であった。鳩山は正力に「新政府のどれか好きな閣僚の椅子を選べ」と言った。正力は迷わず、原子力を選んだ。正力は日本の原子力政策決定過程を西ドイツのそれにならうと鳩山に告げた。これは、かねてシュトラウスが、日本と西ドイツに伝えていたことであった。敗戦国・日本とドイツの核武装は認められないとされていた。原発は〝可〟、プルトニウムの武器への利用は〝不可〟ということだった。ここにも、シュトラウスの影が正力の背後にちらついている。

一九五五年、正力と中曽根は、シュトラウスのアメリカ原子力委員会と、日本の原子力委員会との間に「日米原子力協定」を結んだ。このとき、原子力の平和利用、ならびに使用済み核燃料の再処置などについてが決められた。

正力はまず外国の技術を輸入し、それを模倣するという方式をとった。彼は「五年以内に原発を造る」と公言した。日本の原子力委員会の内部では、時期尚早という意見の人物が多かった。湯川秀樹は委員会から去っていった。湯川は「日本独自の研究をすべし」と主張していた。しかし、正力は、アメリカ、イギリスと早ばやと協定を結んだ。アメリカはまだ、原子力発電所を操業していなかった。まず、日本が標的となったのである。

ポーランド系ユダヤ人で、ハイマン・G・リッコーヴァー提督という軍の科学者が一九五四年、「ノーチラス号」と名付けられた原子力潜水艦のために最初の軽水炉を開発した。一九五八年、リッコーヴァーはペンシルベニア州シッピングポートで操業を開始したアメリカ最初の商業原子力発電所を造った。ここから、ゼネラルエレクトリック（ＧＥ）とウェスティングハウスが原発を製造していくことになる。

一九五七年、正力は私費でイギリスの原子力技術者クリストファー・ヒルトンを日本に呼んだ。正力は直ちに、ヒルトンに可能な限り最大級の原子炉の設計を注文した。ヒルトンが「第一号ガス冷却原子炉の規模を大きくすることはイギリスでもまだ実験していないが、技術的には可能である」と言った瞬間であった。

しかし、正力の行動に非難の声が上がると、あっさりと正力はあきらめた。彼は日本の企業に働きかけて「原子力開発と利用のための長期基本計画」を立てた。原発がカネの生《な》る木であることがわかると、多くの企業が正力、そして中曽根のもとに集まった。正力と中曽根が「高速増殖炉」を日本で造ると息まいたからである。

中曽根は「風見鶏」の異名を持つ男だった。精力的で知的で、そしてワンマンで野心的であった。しかも機敏で抜け目がなく、一匹狼的な性急さと喧嘩早さを持っていた。とくに中曽根は激烈な雄弁術を備えていた。だが並の人間と異なるのは、東大法科出身が示すように頭脳明晰、しかも常に情報を蓄えて新しい政治分野を巧みに把握する能力をもっていたことである。アメリカの陸軍情報部が早い段階で中曽根ファイルを作成したことは書いた。「【中曽根が第一】」と書かれた説明文には「同七－十月、ハーバード大学国際セミナーに短期留学」とある。

国連議場でのアイゼンハワー、アトムズ・フォー・ピース演説

軽水炉型原子炉を搭載した最初の原潜、ノーチラス号

軽水炉を開発した軍技術者、リッコーヴァー提督

「中曽根が第一」とは何を意味するのか。中曽根を使って、アメリカが思うように日本を支配する。中曽根ほどにアメリカにとって利益がある人間はいない、ということである。

陸軍情報部は中曽根が時折、性急さゆえに、発言を修正したりしたことを知っていた。それゆえ政治浪人の憂《う》き目《め》をみることを知っていた。それでも「中曽根が第一」であった。和製原発マフィア第一号と第二号は、CIA、アメリカ陸軍情報部、そしてAECらの手で大事に育てられてきたのである。憲法上問題の多い自衛隊創設にも努力し、防衛庁長官も務めた。前述したように、中曽根はロッキード贈収賄事件に深くかかわっていた。彼の窮地を救ったのはアメリカの影の力であった。アメリカが何よりも中曽根に期待したのは、アメリカの国防政策を忠実に実行してくれる政治家としてだった。

さて、中曽根の笑えないエピソードを書くことにしよう。

一九五四年、中曽根が原子炉建設費として提出した二億三千五百万円に対し、「どうしてこの予算額なのか」と質問された際、中曽根は「ウラン235から決めた」と言っている。このことはすでに書いた。中曽根はこのとき、「科学者たちが全く動こうとしないので、自分が彼らの顔に札束を叩きつけて彼らの目を覚まさせた」と発言している。日本の学者はそれ以降、札束を顔に叩きつけられて、原子力が危険なことを言わなくなった。中曽根と正力から食と地位を貰うために生きるだけの存在となった。

中曽根は国会議員団の団長として、一九五五年のジュネーブ会議に出席した。帰国後、国会議員は直ちに百億円の予算案を提出した。しかし、二十億円しか認められなかった。中曽根はたくましい政治家となっていった。このとき、大蔵省主計局長として原子力関係の予算を担当していたのが鳩山一郎元首相の息子で、後の外相になった鳩山威一郎《いいちろう》であった。鳩山と中曽根は終戦当時海軍の仲間であった。中曽根はこの原子力予算を獲得するためには、舞台裏での個人的接触が大事であることを知るようになった。

一九五九年、中曽根は四十一歳の若さで閣僚に就任した。閣僚中で最年少であった。彼が就任したのは科学技術庁長官であった。彼は長期的な原子力計画を立案した。その中で、彼は核兵器選択への明確なプランに関心を示した。中曽根にとって原子力とはまず核兵器であり、そして次に原子力発電であった。当時、日本はイギリスとの間に、コールダーホール型原子炉からの使用済み燃料の再処理で低価格の契約を結んでいた。中曽根は国内に小型の再処理工場を建設する提案をした。彼は「平和目的」という言葉を多用した。「平和目的」の高速増殖炉用プルトニウムを供給するための再処理工場の能力を二倍にすると決めた。彼は「平和目的」の気象衛星を打ち上げるとブッた。

しかし、中曽根はアメリカ陸軍情報部のファイルにあるように、心ならずも突飛な発言をすることがあった。一九七〇年、中曽根は「日本は核兵器を開発すべきだ」と突然発言し、人々を驚かせた。原子力潜水艦を造る計画を立てていたのもこの頃であった。

日本と西ドイツは「核を持たぬ国」として再出発していた。しかし、「平和目的」からの原子力発電所からは毎日毎日、プルトニウムが出てくる。日本もドイツも、いつでも核兵器保有国になりえるのである。しかし、アメリカは何の対策も練らなかった。
この項の最後にもう一度、アイゼンハワーのあの発言を再検討してみる。槌田敦の『原発安楽死のすすめ』(一九九二年)から引用する。

このアイゼンハウアの演説には裏があった。当時、アメリカでは原爆をつくりすぎていて、ウラン濃縮工場を操業短縮するという「軍事利用の危機」に陥っていた。その事情はソ連も同じである。そこで、この軍事工場で生産される過剰ウランを原子力発電所で消費することにより、軍事工場を操業短縮しないでも済むようにしようとした。これが米ソ両国による「平和のための原子力」だったのである。

実に分かりやすい。ヴィクター・ロスチャイルドは、主として広島型原爆で使われたコンゴ産のウランをアメリカとソ連に渡して原爆競争をさせていた。しかし、コンゴ産のウランが底をつきだすと、アメリカにもカナダにも、そして南アフリカにも大量のウランがあり、それを手中にしたので、次の手段として、「平和利用」をルイス・L・シュトラウスに指示し、彼がアイゼンハワーに演説させた、というのが真相である。
もう一度書くことにしよう。「中曽根が第一」の中曽根を呼びつけ、キッシンジャーを同伴させて、シュトラウスは中曽根に「原子力の平和利用」を日本に命じたのである。中曽根は正力松太郎とともに、アメリカのために、決して日本のためでなく働くように強要されたというわけである。かくて、日本列島に核兵器工場＝原子力発電所が林立することになった。

シュトラウスと同じような、ヴィクター・ロスチャイルドの召使いがいた。ノーベル文学賞を貰った二流の哲学者バートランド・ラッセルは、ビキニ実験での証拠を引用し、「荒涼とした、戦慄すべき、逃れることのできない質問——我々は人類に終止符を打つべきなのか、あるいは人類は戦争を放棄すべきなのか」との質問を全世界に投げた。彼の問いは宣言となり、一九五七年、「バグウォッシュ運動」へと発展した。十カ国から二十四人の著名な科学者（日本の湯川秀樹も）が入っていた。

「あらゆる国家の主たる目標は、戦争の廃絶、人類全般の上にたれこめる戦争の脅威の廃絶で

英国コールダーホール型原子炉が東海１号機の原型となった

バグウォッシュ会議には日本からも湯川や朝永振一郎らが参加

ロスチャイルド資金で活動、バートランド・ラッセル

なければならない」

しかし、バグウォッシュ運動のための費用はすべて、ロスチャイルドとロスチャイルドの手下、ロックフェラーが出していた。アイゼンハワーの「平和目的」と同じであった。

さて、この第二章はここで終わることにする。和製〝原発マフィア〟第一号と第二号は、その後もいろいろな局面で顔を出すことになる。

[第3章] スリーマイル島事件の裏を読め

君は天皇を見たか

一九五九年五月五日、東京・晴海で「第三回東京国際見本市」が開かれた。以下、この記述は佐野眞一の『巨怪伝』をもとに書くことにする。この見本市の目玉商品は、アメリカ出展の原子力特設館にしつらえた実働原子炉であった。

「出力〇・一ワットと超小型ながら、昭和三十二年八月二十七日、茨城県東海村でわが国初の臨界に達したJRR－I原子炉に次いで、臨界を記録したこの原子炉が歴史の闇のなかに沈みこんでしまったのは、たぶん、会期中の十八日間しか稼働しなかったためだろう」と『巨怪伝』の中に書かれている、正直言って、私は『巨怪伝』を読むまではこのことを知らなかった。知るべきであったのだ。どうしてか？　『巨怪伝』の中で次のように書かれていた。

「原子力平和利用の世論づくりは、旧内務省の出先機関ともいえる東京都のなかで開花し、同時に、〝天覧〟原子炉という、正力にとって願ってもないシーンをたぐりよせる推進力となった」

和製原発マフィア第一号、正力松太郎は内務省出身であった。正力はやはり内務省出身者の、当時、東京都経済局長であった江藤彦武《えとうひこたけ》をつかい、「都立アイソトープ総合研究所」をつくらせた。原発マフィア第一号は選挙演説中にいつも、「恐るべき原子力のエネルギーも農業、工業などに利用すればこれほど役立つものはなく、肺結核、ガンの治療も可能である」と原子力の平和利用を説いたのだ。しかし、正力は原子力委員会の席上で、ある委員の「核エネルギー」についての質問に、「ガイエネルギーは……」と答えたような男である。原子力は読めたが、「核」を「カク」と読めなかった男なのだった。

昭和天皇に話を戻そう。『巨怪伝』から引用する。

昭和天皇が晴海の会場に姿を見せたのは、五月十二日午前九時四十分だった。工作機械などを展示した一号館、二号館、玩具、皮革製品などを展示した三号館を視察したあと、天皇はドイツ特設館、チェコスロバキア特設館、ゴム工業特設館、プラスチック工業特設館、アメリカ商工特設館、そして原子力特設館を見て回り、皇居に帰着したのは予定より十七分遅れの十二時三十分だった。

「十七分遅れ」たのは、昭和天皇がわざわざ、原子炉の中をしばし覗いていたからである。天皇の後ろに田中角栄が写っている写真があったと、『巨怪伝』は書いている。田中角栄は一九五七年に成立した第一次岸信介内閣で、三十九歳の若さで郵政大臣に就任していた。天皇の説明役は元・近畿大学教授兼理工学部研究所所長・三木良太。彼の証言を『巨怪伝』に見ようではないか。私も諸君も昭和天皇を知るために。

天皇と私の距離は二メートルくらいでした。最初、天皇は原子炉の内部を覗き込む予定はなかったんです。それで、原子炉の上に、幅二メートル、高さ一・五メートルくらいの大きな鏡を四五度くらいの角度に立てかけて、下からでも見えるように工夫をしておいた。ところが、天皇はご自分で原子炉の周りにあった柵をとり払って中に入り、階段を登って、原子炉の炉心部を、直接、ご覧になったんです。

原子炉タンクの天井にはフタがあり、フタを取ると中が見える。むろん、運転するときはフタをしめます。陛下がおいでになったときは、ちょうど運転休止中で、フタのあいている状態でした。

天皇が覗いた原子炉はアメリカン・スタンダード社製であった。会期中はアルミの一円玉を放射能化して、それにガイガーカウンターを近づけて放射能を測定するなどのデモンストレーションをしていたのだ。前述したように出力〇・一ワットとはいえ、臨界に達していた原子炉の真上から天皇はその中を見たのである。

昭和天皇を崇拝してやまぬ人々には誠に申し訳ないが、原爆で被爆死した幾万の人々が天皇を誘導したと私は思いたい。この世の向こうに死霊の住む世界があろうとも、無かろうとも、私はそのように考えたい。

私は3・11の福島原発事件がどうして起きたのかを考えつつ、この本を書き進めている。それゆえ、第一章で原爆誕生を、第二章で、二人の原発マフィアを書いた。ここで私は天皇を書くことにする。あらためて読者に問う。

君は天皇を見たか――。


私は二〇〇八年に、『原爆の秘密（国外篇・国内篇）』を世に問うた。取材中のあるとき、報道写真家・福島菊次郎の『ヒロシマの嘘』（二〇〇三年）を読んだ。二〇〇七年の秋、私は彼に会った。このことは「国内篇」の中で詳しく書いた。もうこれきりで帰ろうとしたときであった。福島菊次郎が突然に叫ぶように言った。今も忘れることができないほどに私の胸をえぐったのである。

「君、スリーマイル島原発事故のことを知っているか」

私が会ったとき、福島は八十六歳。しかもガンの手術を三回もして痩せほそっていた。私はあのとき、原爆を書くことに熱中していたが、そこまでは頭が回らなかった。彼は突然に喋りだした。私は取材ノートに記録した。ABCC（原爆傷害調査委員会）についても知らなかった。彼は次のように語ったのである。このことは『原爆の秘密（国内篇）』の中で書いたので引用する。

君、あのとき（一九七九年のスリーマイル島原発事故）、アメリカ政府が放射能予防薬五万人分を急遽現地に急送した、という臨時ニュースが流れた。俺はそのニュースを聞いてピンときたんだ。広島・長崎で十万人のモルモットから抽出した放射能障害の予防薬と分かったんだ。

俺は厚生省の役人に言ったんだ。「至急米国政府と交渉しろ。予防薬をとりよせろ」と。そいつは何と言ったと思うか。「国立予防医学研究所だ」というんだ。

俺はな、核禁団体、被爆者団体、そしてマスコミまで回って説いたんだ。

「てめえら命がおしくねえのか」と怒鳴ったんだ。

いいか、君、ＡＢＣＣで抽出された薬はガンや発育障害を予防する薬として広くアメリカで売られているんだ。チェルノブイリ原発事故のときにも使われたんだ……。

ＡＢＣＣ（原爆傷害調査委員会）については、週刊朝日編集部編『１９４５－１９７１　アメリカとの26年』（一九七一年）に詳しく書かれている。要約する。

太平洋米軍総司令部の軍医などの主張によって、終戦後アメリカはいちはやく広島に学術調査団を送り込んだ。この調査団が広島と長崎に研究所を設立した。厚生省の国立予防研究所が協力してできたのがＡＢＣＣ。一九七一年時点でもＡＢＣＣは継続されている。

原爆患者の治療をしたのではない。患者の血を抜いたのである。その血をアメリカ人は結晶化し、薬に仕立てたというわけである。吉川清は『「原爆一号」といわれて』（一九八一年）の中で「治療は一切しないばかりでなく、検査の結果も何一つ知らせなかった。それではモルモットではないか、というのでした」と書いている。被爆者が死んだときにはABCCは必ずやってきた。遺体を解剖させてくれというわけだ。一九五一年になると、ABCCは規模を拡大し、設備を充実して広島郊外の比治山《ひじやま》の上に幾棟かのかまぼこ型の施設を作って移転した。

広島に住む詩人・深川宗俊の主張を聞こう。

「占領軍が駐留していたころは被爆者をもてあそんでいたくせに、今になって手のひらを返したように『世界人類のため』などとゴタクを並べて協力を要請する。そもそも原爆を落とした国が被害を受けた国に乗り込んで調査研究をやるというのは、人道上許せないことではないでしょうか」

このABCCを告発し続けた男が、私が前述した福島菊次郎であった。『ヒロシマの嘘』の中で彼は次のように書いている。

「政府は原子爆弾の被害に驚き、被爆直後に広島・長崎両市に『臨時戦災援助法』を適用した。しかし現地の惨状を無視して、わずか三カ月後の十一月には同法を解除して三十万被爆者を焦土のなかに野晒《のざら》しにした。国家は戦争でボロ布のように国民を使い捨て、奇跡的に生き残った国民の命さえ守ってはくれなかった」

私はこの文章を読み返し、今、昭和天皇のことをいろいろと考えている。昭和天皇が「……天皇はご自分で原子炉の周りにあった柵をとり払って中に入り、階段を登って、原子炉の炉心部を、直接、ご覧になったのです……」

そうか、天皇も放射能を直接浴びたのか、それも自らの意思なのか……。

私は『ヒロシマの嘘』を読み、福島菊次郎という原爆写真家に会い、大いなる疑問が私の胸の中に浮かぶのを抑えることができなかったのである。「国家は戦争でボロ布のように国民を使い捨て、奇跡的に生き残った国民の命さえ守ってくれなかった……」

私は何かに憑《つ》かれたように、幾度も広島の街の中をうろついた。もちろん、原爆の痕跡をとどめるものはない。広島市内の古書店で、たくさんの関連書を買い込んだ。そして、広島の図書館にも行ってたくさんの本を読み、重要と思える本のコピーを取った。その過程で、私はドクター・ジュノーに偶然にもめぐり合うのである。

私は本だけでなく、いろんな雑誌にも注目していた。あるとき、中島竜美の雑誌論文「〈ヒロシマ〉その翳りは深く、被爆国の責任の原点を衝く」（一九八五年）に偶然めぐり合い、初めてドクター・ジュノーを知ったのである。

マルセル・ジュノー（一九〇四－一九六一）は赤十字国際委員会・駐日主席代表として、一九四五年八月十九日に日本に着いた。戦火の旧満洲・新京（現在の長春）から日本軍機で羽田に着いた。日本にいる捕虜の身体保全と傷病兵の救護が目的であった。ジュノーは米軍による原爆投下については何も知らなかった。この日本の東京で、ジュノーは原爆を知って驚くのである。

私は中島竜美を通してジュノーを知り、彼の著書『ドクター・ジュノーの戦い』（一九八一年。スイスでの原書出版は一九四七年）を読んだ。ジュノーは「日本も他の理由から、彼らに敗北をもたらした大破壊については、全く沈黙を守っていた。東京の新聞は、人々を降伏に備えさせるため、数日間原爆の破壊について大きく報道していたが、それが一切禁止された後は、大破局の実際の規模についての正確な報告は全くなされていなかった」と書いている。

ジュノーは広島の惨状を知るべく外務省を訪れる。しかし、外務省はジュノーに原爆の情報を何ら伝えなかった。広島の惨状をジュノーに伝えたのは一人の日本の警官であった。九月二日、ジュノーは数枚の写真と、東京の検閲査証が押されていない電報の写しを与えられる。

「……恐るべき惨状……町の九〇％壊滅……全病院は倒壊又は大損害……」

ジュノーはこの電文を携えて、マッカーサーが執務室を設けていた横浜商工会議所に出向くのである。四人の将官たちがジュノーと協議した。「この電報をお借りします。マッカーサー将軍に見せます」と約束した。マッカーサーはジュノーに十五トンの医薬品と医療器材を提供した。そしてその管理と責任をジュノーの赤十字に一任した。日本の天皇は、広島と長崎の惨状をマッカーサーにさえ隠そうとしていたのである。

ジュノーは九月八日、二人の将軍、物理学者モリソンと一緒に、広島から二十五キロ離れた岩国飛行場に着陸した。他の五機も近くに着陸した。十五トンの医療品とともに。

ここでジュノーは広島の医師・本橋博士と東大の外科医・都築正男と一緒に広島に入る。ドクター・ジュノーは次のように書いている。

都築教授は、きらきらと光る眼をした熱血漢であった。彼は英語を話し、彼の考えはしばしば短い激烈ともいえる言葉で表現され、それに身ぶりが加わって強調された。「広島……ひどいもんだ……私にはわかっていた。二十二年も前に……」

『ドクター・ジュノーの戦い』の「訳者あとがき」に、都築正男教授についての説明が付されている。

原爆投下の二十二年も前に行なわれた都築正男博士のウサギを用いた先駆的実験が、学問的にはデトロイトで学会報告がなされていたにも拘わらず、国家権力によっては、その学問的成果が人道的に全く生かされえなかった事実を、今日の国家の指導者も強く反省すべきである。この都築博士の実験報告こそは、アメリカの原爆投下が国際法違反であるという立場に、充分な論拠を与えるものである。

核物質の危険性はすでに知られていた。都築正男がその先駆者であった。だが、原爆は秘密裡に造られたのである。前述したヴィクター・ロスチャイルドの強制力が、チャーチル首相、ルーズヴェルト大統領を動かして。マンハッタン計画を知っていたのは、アメリカでは、ルーズヴェルト大統領、スティムソン陸軍長官、グローブス将軍、モーゲンソー財務長官と、物理学者たちであった。トルーマン副大統領も、ウィリアム・リーヒ提督、マッカーサー、アイゼンハワーらの司令官も全く知らされていなかった。マンハッタン計画に従事した数万の人々も、自分たちが何を造っているのかを知らされていなかった。このマンハッタン計画とその後の原爆実験で、アメリカでは広島・長崎をはるかに上回る数の人々が被曝して、今も苦しんでいるのである。

昭和天皇とその一族、そして天皇に仕えた高級官僚や軍人たちは、原爆の被害の実態をマッカーサーにさえ知らせようとはしなかった。

原爆投下の悲惨さを伝え続ける
写真家・福島菊次郎

広島・比治山にあった
原爆障害調査委員会（ABCC）

国際赤十字から派遣されて
来日、ドクター・ジュノー

ジュノーはスイスの赤十字国際委員会に電報を打ち、原爆患者を救うべく、医薬品を大量に送らせる準備をした。しかし、広島と長崎に医薬品が送られることはなかった。ジュノーの闘いは突然に終わりを告げた。日本赤十字社（日赤。当時の総裁は高松宮）がジュノーの申し出を拒否したからである。日本赤十字社の言い分は「医薬品は必要ありません」という簡単な理由によった。

奇跡的に生き残った原爆被爆者たちは、天皇一族により殺されていったのだ。私はそう思う。これが日本国家の偽らざる姿なのだ。

A級戦犯のある者は死刑となり、またある者は釈放された。彼らはすべてCIAの要員となった。「ポドム」のコードネームは正力松太郎だが、他の連中にもコードネームがついているはずである。ある者は朝鮮戦争のための物資調達係となり、ある者は政治家となり、多額の金をCIAから与えられ続けた。「ポドム」はマスコミの世界でアメリカのために働いた。

ジュノーは天皇に裏切られ、帰国を前にマッカーサーから声がかかった。

ジュノーはマッカーサーの言葉を書き残している。

「現在の武器と、開発中の武器とで、新たな戦争が起これば、価値あるものは何一つ残らないだろう」

マッカーサーも軍人である。世界の権力を握る一部の人々には逆らえなかったのである。

マッカーサーがジュノーに「開発中の武器」と言ったとき、まだ原子力発電所は存在していなかった。第二次大戦後に発明された武器で最も大きな恐怖を生み出したものは、間違いなく、平的目的のために造られた核燃料発電所である。私たちは、原子力発電所という言葉をそろそろ捨てたほうがいい。

講和条約が締結され、日本が独立した後も広島の原爆患者はＡＢＣＣで採血され続けたのである。厚生省が協力し続けたのだ。

原爆写真家・福島菊次郎が、私をジュノーに会わせてくれたのであった。

私がこの項のタイトルにつけた「君は天皇を見たか」は、実は児玉隆也の『君は天皇を見たか』（一九七五年）からの借用である。児玉隆也は、赤提灯の「六歌仙」という一杯飲み屋に行き、その店を経営する原爆被爆者、高橋広子さんにインタビューしている。長い文章だから、ほんの終わりのところのみ記すことにする。昭和天皇の広島巡幸の場面である。

あの人（昭和天皇）は、帝王学かなんかしらんが、自分の意思をいわん人やと聞いた。あの人に罪はない、原爆病院行くかわりに、自動車会社へ行かせた県や宮内庁の役人が悪いという人もいる。それならば、なぜ、戦争やめさせたのはあの人の意思やという〝歴史〟があるのですか。「神やない、おれは人間や」というたのですか。美談だけが残って、なぜ責任は消えるのですか。

うちゃあ情のうて、へも候《そうろう》や。

日本の現代史は一杯飲み屋の女将《おかみ》さんの疑問に答える力を持たない。半藤一利、奏郁彦を頂点とする現代史家はこの女性の問いに答える力量を持っていない。あえて実名を書いて彼らに挑戦する。

私は『原爆の秘密（国内篇）』を書いているとき、一つの疑問を持つにいたった。取材も最後になっていた。長崎の原爆資料館でたくさんの本や資料を読んだが謎は解けなかった。長崎で原爆の本を書いている人に会い質問したが無駄だった。その日がいつだったのかは思い出せないが、ある晩、一人の少女が寝ている私に声をかけた。

「おいちゃん、あのね、あのね、アメリカの兵隊さんをね、私がね、原爆が落ちるから危ないからね、安全なところへ連れていったの」

「どこへなの」

「裏山なの、友達みんなと一緒に連れていったの」

いまだに、そしておそらく一生涯、この少女の顔も声も忘れることは断じてない。

私の謎が解けた一瞬だった。

その謎とはこうだ。原爆が八月六日の広島に、次いで八月九日には、長崎の三菱の巨大な兵器製造工場の真上で炸裂した。多くのオランダ兵、イギリス兵らの捕虜たちが収容所にいて死んでいった。アメリカ兵もたくさんいて、前日までは同じ工場で働いていた。しかし、アメリカ兵は一人も死ななかった。この謎を私は解こうとしていた。彼らは間違いなく、原爆投下を前にして、おそらくは日本の軍艦で安全な場所に連れていかれたのだと知った。その場所を探すべく再び長崎へと旅立った。これが戦争なのだ。

私は原爆について、尻切れトンボのようだがこれ以上は書かない。突然、昭和天皇のことを書く気がしなくなった。私は天皇が原子炉の中を覗く場面を読みつつ、あの原爆少女の顔と声を突然思い出した。少女よ、君だったのか、天皇の手をひいて原子炉を覗かせたのは。

君は天皇を見たか？

スリーマイル島で何が起きたのか

原子炉が普通の状態で運転している間は、燃料エレメントを納めている炉心は普通の軽水で冷却され、華氏五百五十度前後で保たれている。しかし、もしパイプが破裂したり、バルブが詰まったり、水の流れがスムーズにいかなくなったりしたら、燃料エレメントは熱のために溶ける恐れがある。この他にもいろんなケースが考えられる。もし、溶けた核の燃料エレメントが溶け出したら、そいつはドロドロの塊となって原子炉の容器を突き破り、地殻を突き抜けて、地球の反対側にとび出すこともありうる。

アメリカの核技術者たちは真剣に、そしていささかオーバーに、アメリカの原子炉から出た核燃料の塊が、地球の反対側の中国のどこかにとび出すことだろうと考えた。そして、この現象を「チャイナ・シンドローム」と名付けた。彼らは緊急炉心冷却システム（ＥＣＣＳ）について研究をはじめた。一九七〇年代の初めである。

一九七一年七月、「懸念を抱く科学者同盟」と呼ばれるグループがＥＣＣＳの小規模な実験を幾度もした。しかし、何度繰り返しても、コンピューターで予測した結果は得られなかった。ＡＥＣ（米原子力委員会）もこのグループの動きを無視できず、アイダホ州のアイダホフォールズにあるＡＥＣの実験炉でのテストを認めた。慎重に炉心を冷却するために注入された水のうち、炉心に達したのは、ごくわずかだった。福島第一原発の水注入がたいした効果がないのは一九七一年のテストで証明済みだった。

このテストの失敗が新聞で広く報道された。また全米ネットワークのテレビ局の二局が特別なニュース番組を組み、原子力業界の信頼性を大きく傷つけた。ＡＥＣはＥＣＣＳについて公聴会を開かざるをえなくなった。公聴会は延べ百二十五日間に及んだ。ここで明らかになったのは、「懸念を抱く科学者同盟」に、原子力産業の内部資料がたくさん送られたことであった。ここが日本とは異なるところだ。

この公聴会を通して原子力反対運動の輪が広がったのであった。この運動は世界中で盛り上がった。科学的疑惑と官僚主義への不満へと進展した。一九七四年夏、「原子炉安全調査報告書」が出た。ＭＩＴ（マサチューセッツ工科大学）のノーマン・ラスムッセン教授の名をとって「ラスムッセン調査報告」という。しかし、この報告書の中に、「大災害を伴う原子炉事故が起きる確率は、隕石が都市に落下する確率とほぼ同じで、一〇〇万年に一回程度である」という劇的な結論が書かれていた。ラスムッセンたちはコンピューターを用いて、それぞれの条件を入れたのだった。金融工学を使ったウォール街の連中が「恐慌などありえない」というのと同じであった。ＡＥＣから原子力行政の業務を引き継いだ原子力規制委員会（ＮＲＣ）さえも、ラスムッセン報告を正式なものとしなかった。

さて、別の方向から原子力発電を見てみよう。

一九六〇年代半ばに、メトロポリタン・エジソン電力会社が巨大な原子力発電基地を、スリーマイル島・サスケハナ川の真中にある細長い中洲に建設すると発表した。スリーマイル島一号原子力発電所（TMI－1）建設に対して特別の反対はなかった。TMI－1が操業開始して二年後から、周辺の市や村に少しずつ異変が起こり始めた。TMI－1よりさらに大規模な原子力発電所、TMI－2が一九七九年一月に本格的な操業を開始していた。発電所の周辺の犬や猫が流産したりした。奇型のアヒルが生まれた。乳牛も子牛も死んでいった。

一九七九年三月十六日、ハリウッド製のサスペンス映画「チャイナ・シンドローム」がアメリカで公開され大当たりとなった。この映画は原子炉が大故障を起こし、溶融の一歩手前で間一髪抑制されるというものであった。この映画で、「溶融（メルトダウン）」という言葉の意味を一般人が知るようになった。

全米で原子力発電所への敵意が一九七八年の末から燃え上がっていた。原子力総合監督局は、「原子力施設数カ所で、情報を一般に公開すれば、一般公衆に警戒心を起こさせ、新たに反対活動が起こったり、進行中の反対活動を長びかせることになる」という報告書を出したが、その日付は「一九七九年三月三十日」となっていた。

TMI－2原子炉は一九七八年十二月二十八日に運転を開始した。運転開始後数週間もしないうちに、タービン試運中のバルブが二つ故障した。翌年二月一日には、節気弁の故障で放射性物質の漏出があった。その一日後にはまた、パイプの密封シールが飛んでしまった。

私は一九七九年三月二十八日の未明に起きたスリーマイル島の原爆事故については詳述しない。事故があった原因は運転員の誤操作であるとする説には納得がいかないのである。それはなぜか。総合監督局の報告書ができていたのに、報告書の発表が一九七九年三月三十日となっていたからである。スリーマイル島事件の二日後の日付であり、しかも、これは発表されたが全く内容のないものであった。

もう一つの疑問点がある。二カ月前から、爆発を起こしてよいような事故がTMIで幾度も起こっていたことである。

それに映画とはいえ、スリーマイル島をモデルとしたとしか思えない映画「チャイナ・シンドローム」である。何かが、このスリーマイル島の事故に隠されてはいないか？

一九七四年、フォード財団の「エネルギー・プロジェクト」が『選択の時』を発表した際に、「エネルギーに関しては選択が必要である」との見解を示した。その前年の一九七三年、石油禁輸の問題が発生した。石油が値上がりしていた。「世界の石油が枯渇する」と、そのプロジェクトは指摘していた。一般的なコンセンサスとして、物理的に不足しない期間はせいぜい十年間とした。問題の核心はコストだと、『選択の時』の中で書かれていた。核によるエネルギーか、それとも石油によるエネルギーか。人類はどちらを選択するかを採用するときが、今、ここに来たというものであった。石油の高騰を狙うために、フォード財団が汚ない手を打ったのか、と私は思った。

二〇一〇年、ウィリアム・イングドールの『ロックフェラーの完全支配・ジオポリティックス（石油・戦争）編』が邦訳された。事故に遭ったスリーマイル島の原子炉複合施設二号機の写真が載っていた。その下に、映画「チャイナ・シンドローム」の原作の表紙の写真も載っていた。その二つの写真の中にある文章が出ている。引用する。

スリーマイル島原発事故は意図的に起こされた可能性が濃厚である。狙いは、「反原発」心理操作だ。米英石油・金融利権の管理・監視外でエネルギーを自活されては困るからである。安全性や環境破壊への配慮などという高尚なシロモノではない。この事故の前日には、おあつらえ向きにも、危険管理と報道管制を担う機関ＦＥＭＡ（連邦緊急事態管理庁）が大統領命令で設置されている。かくて、原因追求、事故の実態は隠蔽された。周辺住民はＦＥＭＡの命令下、避難を余儀なくされた。同月には、原発事故の恐怖を煽るハリウッド娯楽映画「チャイナ・シンドローム」が封切られている。

私はスリーマイル島の事故関係の本をたくさん読んできた。運転員の操作ミスによる事故とする本を読むたびに、「そんな馬鹿な！」と思っていた。だから、どんな具合で事故が起きたのかを追求する。興味のある方は他の本を読むことをすすめる。さて、次は『ロックフェラーの完全支配』の本文から引用する。

スリーマイル島の原子炉複合施設の二号炉が、あり得ない「事故」の連続に見舞われた。後の調査で、重要な弁が事件の前に不正な手操作で閉じられていたことが判明している。そのために緊急用の冷却水が蒸気発生器に流れ込まなかったのである。十五秒以内に緊急バックアップ・システムが核分裂反応を停止させている。しかし、オペレータは、あらゆる手順を無視して、冷却水が炉心に入るのを止めた。その後どうなったかは、いろいろな文書に詳述されている。

一九七九年八月三日、米国の原子力規制委員会は、この事件の公式報告を行い、スリーマイル島事故の原因として六つの可能性を提示した。その内の一つは、妨害工作もしくは犯罪的過失であった。五つの原因は排除されたが、残りの妨害工作の可能性について政府は真剣に検討することを拒否している。

私はスリーマイル島の事故は、謀略工作がなされたゆえとの考えを持っている。あの事故は、チェルノブイリ事故とともに二大原発事故とされるが、それほどの被害は出ていない。

私はむしろスリーマイル島の原発事故から十四週間経った一九七九年七月一日に、ニューメキシコ州チャーチロック鉱山で起こった放射能の大惨事のほうがはるかに大きな事故だったと思っている。

では、どうして日本人はこの事故のことを知らないのだろうか。答えは簡単である。この事故に日本のマスコミが注目しなかったからである。チャーチロックの溜池のダムが決壊し、一千百トンの放射性粉砕物と九千万ガロンの放射能汚染水が、どっとアリゾナの方向に流れ出した。何の前ぶれもなく、流域の住民すべてを襲ったのであった。洪水が突然、陸地から襲ってきたのである。しかし、洪水による死者はいなかった。だが、大量の放射性物質を広範囲の土壌にもたらした。核実験を除けば、このチャーチロックの事故が最大の放射能汚染なのである。

この大被害をもたらした源は、ウラン選鉱場の廃棄物によった。この廃棄物については後章で詳述する。スリーマイル島の事故は派手に演出されたヤラセ、すなわち八百長工作であると私は思っている。もう一度、『ロックフェラーの完全支配』から引用する。

ハリスバーグのドラマが演じられている間、世界のマスコミ取材は、新たに設置されたホワイトハウスのＦＥＭＡ（連邦緊急事態管理庁）によって厳しく管理された。政府の職員も原子力発電所の職員も、ＦＥＭＡの検閲を受けた場合を除き、マスコミの取材に応じることを禁止されていた。ＦＥＭＡは、大統領命令で設置されたが、その構想は三極委員会のホワイトハウスのアドバイザー、サミュエル・ハンティントンが描いたものだった。不思議なことに、ＦＥＭＡが業務を開始したのは三月二十七日で、本来の業務開始日として定められた日より五日前倒しだった。そして、スリーマイル島事故の前日である。安全保障アドバイザーのブレジンスキーの指揮で、ＦＥＭＡは、ハリスバーグの報道を完全にコントロールした。放射線の危険を示すものはなかったにもかかわらず、周辺住民の避難を命令したのもＦＥＭＡである。記者発表を何日も拒絶し、「巨大な放射性水素の泡が空中に発生」などといったパニックをもたらす空想ストーリーを見出しになるがままに放置したのもＦＥＭＡである。またさらに奇妙なのが、同じ月に公開されていたハリウッド映画の超大作「チャイナ・シンドローム」（ジェーン・フォンダ主演）が、ハリスバーグの事故と瓜二つの空想物語だったことである。この映画が、原子力エネルギーの危険に対する人々のヒステリーをさらに煽ったのである。

ＦＥＭＡ（連邦緊急事態管理庁）に注目したい。何か事件が起きる前に、ＦＥＭＡは出現する。どうしてかを、私たち日本人は考えないように飼い馴らされている。真相はこうである。

９・11同時多発テロ事件があったとき、ＦＥＭＡはその数日前からツインタワー・ビルの周辺で〝訓練中〟であった。偶然か必然かは問わないが、ツインタワーが崩壊すると、その日からＦＥＭＡは鉄骨の後かたづけを早急に開始した。コンクリートの破片だけが残った。では、鉄骨はどうなったのか。ニューヨークの港に、やはり数日前から大型貨物船が待機していた。鉄骨はその貨物船に乗せられ、中国へ向かった。どうして鉄骨だけが消えたのか？　あのツインタワーに飛行機が衝突することが前もってわかっていた。そのとき、小型原子爆弾が仕掛けられていた。鉄骨に放射能が残存していればヤラセがばれるからである。あの事件後、世界は大きく変わっていった。

では、スリーマイル島はどうか。ここでもＦＥＭＡが事故発生の前から待機していた。どうしてかは言うまでもない。ＴＭＩ－２は二月ごろから、いろんな故障が生じていた。何者かが、何かを仕掛けていた。それが三月二十八日前後に、仕掛けた者の勝利が確定した。すなわち、三月二十八日、その前後に必ず故障が起きるようにセットされたということである。

「チャイナ・シンドローム」という映画が最初に製作され、一般公開されるとき、すなわち、一九七〇年後半からスリーマイル島事故にいたる間、偶然にも数多くの原子力発電所で小さな事故が起きていた。前述したように、詳細を発表するとした総合監督局は、発表の日付を一九七九年三月三十日とした。スリーマイル島事故の翌々日である。総合監督局は事故が発生するということを予想し、発表しようとしたが、何者かにより阻止された。確証はないが、ＦＥＭＡに違いない。

一九七九年三月二十八日の未明、午前三時五十八分にコントロール室の警報ランプが点滅しはじめた。給水ポンプの給水が止まったのである。この原因は追求されていない。後のことのみがいろんな本に書かれている。コントロール室の運転員がどのように計器を読み誤ったのかが問題視されてきた。給水ポンプからの給水が突然止まれば、コントロール室の運転員がどのように操作しようとも原子炉は制御できない。炉心部から水がなくなったのだから温度も圧力も上昇する。だから運転員は、やむをえず、圧力逃しの弁を開いた。否、開かされたというのが正しい。放射能を帯びた水が原子炉建屋の床にどっと溢れてきたのも、操作ミスとはいえない。何がスリーマイル島で起こったのか。大量の水蒸気が噴き出した。放射線が格納容器から漏出した。ついに放射能が混じった水が、サスケハナ川に流れ込んでいった。

この一報は、世界中に伝えられた。ＦＥＭＡはただちに報道管制を敷いた。金融マフィアの最高のエージェントであるズビグニュー・ブレジンスキー（彼はＦＥＭＡの実質的創設者）はスリーマイル島周辺にすでに配置していたＦＥＭＡの要員を動かし、周辺の住民を避難させた。

サスケハナ川の中洲に造られたスリーマイル島（ＴＭＩ）原発

ＴＭＩ原発のコントロール室、運転員のミスが事故原因なのか

絶妙の公開時期だった映画「チャイナ・シンドローム」

放射能汚染をもたらした
チャーチロック・ウラン鉱山

FEMAの生みの親
サミュエル・ハンティントン

緊急事態の指揮を執った
ブレジンスキー

（東電と日本政府が、ＦＥＭＡのように事前に福島第一原発の事故の前に要員を配置していたようなものである）。しかし、事故の規模は、ＦＥＭＡを指揮したブレジンスキーの予想を上回ったにちがいない。放射性物質がスリーマイル島からペンシルヴェニア州中部の大気中に広がっていったのだから。

しかし、と私は言いたい。福島第一原発の事故に比較すれば、否、比較にならないほど、小さな事故であった。それほど、当時のアメリカでは原発事故が頻発していたのである。では、この事故を有名にし、歴史に名をとどめさせたものは何であったのかを考えてみたい。

私はここで、読者の洗脳された頭脳を、逆・洗脳したい。大きな事件・事故には必ず何かの裏があるということを知ってほしいのである。何もなくて大きな事件・事故は起こらないのである。

　では、スリーマイル島の事件・事故はどうして起こったのかを説明する。日本の環境学者、あるいは環境ジャーナリストは、コントロール室の運転員の誤操作にその原因を求め、それ以上は追跡しない。一九八六年のチェルノブイリの原発事故も同じである。一九七〇〜八〇年代の十年間に何が起こったのかを見る必要がある。

　私が前述したように、一九七〇年の初め、「チャイナ・シンドローム」という緊急事態を恐怖する社会現象が起きた。一九七一年七月、ボストンに本拠を置く「懸念を抱く科学者同盟」が緊急炉心冷却システム（ECCS）が不完全であることを追及し、米原子力規制委員会（NRC）も認めざるをえなくなった。そして、NRCは「ラスムッセン調査報告」に期待したが、原発不信の世論を阻止することができなくなった。「フォード財団」がついに『選択の時』を世に問うた。このことも書いた。この『選択の時』が重要なのである。フォード財団が動くとき、歴史はいつも大きく転換する。あのバラク・オバマ大統領は、フォード財団が仕立てあげた大統領である。

　〝原発マフィア〟はどこからきたのかを、私は原爆製造に求めた。ヴィクター・ロスチャイルドが原爆製造の中心人物であったことを書いた。それからヴィクターはルイス・L・シュトラウスをAECのトップにすえて核の平和利用をさせた。しかし、一九七〇年代に原発事故が多発した。これを防止しようとしたが、うまい方法が見つからなかった。緊急炉心冷却装置が完全でないことを、ヴィクター・ロスチャイルドを頂点とする〝原発マフィア〟は認めた。それで、フォード財団（金融マフィアが謀略のためにでっちあげた組織）に『選択の時』を発表させ、原発推進から一歩後退することにした。スリーマイル島の事故は、このことを大々的に象徴する事件なのである。

彼らは何を狙ったのか？　原子力利用からの一時的な撤退と、その代わりとなる石油エネルギーの利用である。原油の枯渇説を彼らは流しだした。「オイル・ピーク説」と俗にいわれるものであった。

結論を書くならば、原発マフィアは同時に石油マフィアでもあったということである。また、この原発マフィアと石油マフィアは、金融マフィアが支配しているということである。

この観点から世界を見ている学者も政治家も残念ながらいない。スリーマイル島事故は見事な演出のもとに、大気に放射性物質を放出し、ペンシルヴェニア州は放射能汚染されたが、原発マフィアたちは石油マフィアへと変身して、より一層の大儲けをしていくのである。原発マフィアの時代が去り、石油マフィアが興隆する時代がしばらくの間続くことになる。石油価格が年々高騰し続ける。私たちは金融マフィアの配下に石油マフィアがいて、石油価格が高騰していった事実を知らなければならない。

ヘンリー・キッシンジャーの有名な言葉に、「エネルギーを支配すれば、諸国を支配できる」というのがある。スリーマイル島事件以降、間違いなく世界のエネルギーの中心は石油であった。石油が高値をつけるにつれ、大量に消費されるにつれ、いつの間にか、オイル・ピーク説は消えていった。

では、このまま石油時代が続いたのであろうか。金融マフィアは、原発マフィアをもう一度育てることになる。その秘策として彼らが登場させたのが、オイル・ピーク説ではなく、石油を使った発電所が出すCO_2が地球を温暖化させるという、とんでもない妄説であった。かくてまた、原子力発電所が復活してくるのである。

日本人はどのように原発と取り組んだのか？　日本の原発マフィアたちはひたすら原発利権を漁っていたのである。スリーマイル島事件もなんら教訓とはならなかった。

［第4章］ウランを制する者が世界を支配する

被曝国アメリカの悲劇

私は〝原発マフィア〟について、一人の男を中心に第一章の中で書いた。「原子力の平和利用」という美辞を利用して、核の拡散をすすめた男だった。その名をルイス・L・シュトラウスといった。アメリカ一の巨大財閥、ロックフェラーの財務管理をした男である。その権力はヴィクター・ロスチャイルドから与えられたものであった。

私は前章で、ウィリアム・イングドールの『ロックフェラーの完全支配』という本を紹介した。この本の日本語版の題名は、故意としか言いようのない〝悪意〟でつけられているとしか私には思えないのである。原題（A Century of War: Anglo-American Oil Politics and the New World Order）を直訳すれば、『戦争の世紀――アメリカの石油政策と新世界秩序』である。本文を読んでも、ロックフェラーが世界を完全支配、否、部分的にさえ支配していることなど、まるで書かれていない。あくまでも冷静かつ客観的に、今、世界がどうなっているのかを丁寧に真面目に追究している立派な本である。

原爆、原子力について書かれたアメリカの本を、私は数多く読んできた。しかし、その中で、「ロックフェラー」の名をさえ発見できていない。今この文章を書いている手元にも、百冊近い原爆・原発関連の本を用意している。

私はなぜ、このようなことをここで書くのか。私は多くの人々の力添えを得て、インターネット上に登場する数多くの原発関係の記事を毎日のように送ってもらっている。そしてその中には「デーヴィッド・ロックフェラーが人工地震を仕掛けた」とか、「ある闇の組織(ロックフェラーらしき組織)が〝ハープ〟という電子兵器を使って日本に地震を起こした」などという記事が溢れかえっている。私は、人間というものは、悪意に満ちている人が少なく、ほとんどの人々は善意の人だと信じている。ごく少数の悪意ある人々でさえ、日本に地震を起こし、数万の人々を殺すようなことはしない、と信じている。否、信じたい。

本書では、核兵器やハープといった兵器を使って日本に地震を起こしたがゆえに、福島第一原発が暴走したという説はいっさい採らない。地震が多い国という事実を百も承知で、危険きわまりない原発を造った〝原発マフィア〟を追及する本である。日本だけが核汚染されているのではない。世界で一番の被曝国はアメリカなのである。本章では「どうしてアメリカが世界一の被曝国なのか」をまず述べることにする。アメリカの悲劇は、日本の悲劇なのだから。

一九四九年八月二十九日、ソ連が初めての原子爆弾をシベリアで爆発させ、アメリカの飛行機がそれを確認したことからアメリカが原爆を量産するようになったことはすでに書いた。そして一九五〇年代に入ると、水爆製造の時代に入ったことも書いた。水爆とは何か。水素原子に高温を加えて核融合させ、ヘリウムになる過程で放出されるエネルギーを利用する兵器である。原子爆弾は何千万度の高温を生じさせる。水爆の「熱核融合」による爆発を引き起こすにも、原爆の機能が利用されている。水爆は、原爆の一千倍の破壊力を持つ。

アルバート・アインシュタインも水爆のことを聞き、恐怖を抱いたのであった。彼は次のように警告した。

「莫大な資力が軍部の手のうちに集中し、若者の教育を軍国化し、市民とくに公職にある者の忠誠心を問う警察権力の監視が、日増しに顕著になっている。そして、固有の政治思想をもつ者に対する威嚇がひどくなり、ラジオ、新聞、学校を通じて、一般公衆が偏った方向に啓蒙され、さらに軍事機密保守の強調によって、一般の人々が得る情報が、大幅に制限される傾向にある」

水爆が試作される段階に入ると、製作者たちは秘密主義に徹するようになった。国防総省は水爆開発支持を表明した。国防長官ルイス・ジョンソンは、「水爆の開発にすぐにとりかかるべきだ」と主張した。しかし、原子力委員会メンバー五人のうち四人が水爆製造に反対した。しかし、あの原発マフィア、ヴィクター・ロスチャイルドの召使い、ルイス・L・シュトラウスは水爆を製造しろと迫った。「原子力委員会の諮問委員会が道徳問題をとり上げるのは不適切きわまりない」と猛烈に非難したのだ。

シュトラウスは一九四九年十一月の末に、トルーマン大統領に手紙を出した。「是非とも緊急に水爆開発を承認すべきだ。ぐずぐずしているとソ連に先を越されてしまうぞ……」

トルーマンを脅迫する手紙であった。トルーマンはシュトラウスが、ヴィクター・ロスチャイルドの代理として手紙を寄越したのだということを知っていた。たぶん、シュトラウスの脅しが効いたからに違いない。多くの政治家や物理学者たち（アインシュタイン、オッペンハイマーら）の猛烈な反対があったにもかかわらず、一九五〇年一月三十一日、トルーマンは猛スピードで水爆の研究開発をするように命じた。

一九五〇年二月の終わりに、ＮＢＣラジオで討論番組が放送された。出演者の一人として、原爆の可能性を最初に説いたレオ・シラードが登場した。シカゴ大学の生物物理学教授であった。大戦時、アメリカが軍事目的の原子力開発に着手したとき、大きな役割を果たした。先述したようにヴィクター・ロスチャイルドのブレーンの一人で、「アインシュタイン書簡」を書いた男でもある。シラードは次のように語ったのである。

一九三九年に、我々が政府に原子力開発をするよう試みたときには、都市を爆撃して婦人・子供まで殺すのは道徳に反し、非難すべきことだということで、アメリカの世論が二分されるようなことはありませんでした。戦争中は、ほとんど何も考えずに、日本の爆撃に巨大なガソリン爆弾を使いはじめ、何百万人という婦人・子供を殺しました。そして最終的には、原子爆弾まで使ったのです。今、科学者はみんな、不安感をもっているはずです。ロシアは信用できぬという論に賛成するのはやさしいのですが、実は、「どこまで自分たち自身を信用できるのか?」という疑問を抱えたままなのです。

シラードはおそらく、その師のアインシュタインと同じように水爆の製造に反対するようになっていたと思われる。「マンハッタン計画」に参加した物理学者のほとんどは亡命ユダヤ人であったが、そんな彼らも、被爆地・広島と長崎の惨状を知って、反水爆論者へと変節していったのであった。

しかし、「水爆を造れ」という世論が高まっていった。一九五一年、アメリカ政府は太平洋での核実験と併行して、ネヴァダ州でも核実験を発表した。当時、このネヴァダでの核実験に反対する者はほとんどいなかった。「ソ連が攻めてくるぞ」という脅しが、テレビ、ラジオ、新聞で連日のようにアメリカ人に伝えられていた。ソ連国内に関する報道は一切なかった。ソ連の人々は前述したように、キャベツが主食という窮状だった。人肉が街の市場で売られていた。餓死者は数千万人にのぼっていた。軍人たちはシベリアに送られ、金とダイヤモンドの採掘に強制的に従事させられていた。ただ、原爆だけが、今になってしまえば分かるのだが、使いものにならない原爆だけが、唯一のソ連の武器であった。

アメリカの人々のほとんどは、アメリカ政府に、そしてアメリカの報道機関に欺《だま》されていた。そのアメリカ政府も報道機関も、ヴィクター・ロスチャイルドを中心とする金融マフィア、そして原爆マフィア、後の原発マフィアの強制力の支配下にあった。一九五〇年代のこの状況は、二十一世紀の今日でも変わらないのである。

一九五一年、朝鮮戦争進行中にネヴァダ州南部で核実験が行なわれることになった。広瀬隆の『危険な話』(一九八七年)から引用する。

ネバダで核実験をおこなった原子力エネルギー委員会(AEC)が、いまは原子力規制委員会(NRC)と名前を変えて原発を推進し、日本の電力会社がそのNRCと組んでいるわけですから、これは当然の手口でしょう。しかしそれが人間の愚かさなのです。東京に原発を建てればすぐに危険だと分るものを、あまり人が見ていない遠くに建てるものだから、あとで後悔する運命にある。ネバダの〝風下住民〟、アメリカではこういう奇妙な名前で呼んでいるのですが、彼らの場合はこうでした。

この死の灰のパターンは、山の等高線と同じで被バク量を示しています。アメリカがどれだけ大きいかをちょっと理解していただきたいのですが、ある実験のとき死の灰がこういうふうに降りました。そこに日本の大きさを重ねてみると日本はこれほど小さな島国です。ということは、この被バク量の測定をした危険な範囲は六〇〇キロですから、私は東京に住んでいますが、東京から青森県の下北半島の先まで、ちょうどこれが六〇〇キロぐらいですね。要するに本州の半分がすっぽり入ってしまう。それほど広大な範囲に死の灰が降るのです。だから遠くでも皆さんは安心してはいけませんよ。風下がどこになるかが問題です。風上で近くにいた人より、風下の遠くにいた人の方が被バク量は高いわけですから、距離ではないのです。どこが風下になったかということで、今度のチェルノブイリの場合も考えなければなりません。

次に、ハーヴィ・ワッサーマンの『被曝国アメリカ』（一九八三年）から再び引用する。

近くのエスカランテ・ヴァレーで、核実験開始以来の死亡届を見ると、公式記録に「自然」死として載せられている六三件のうち、四八件の死が癌である。極端に多い。

さて、問題は他にもある。シーダー・シティで一九五〇年代および一九六〇年代のはじめに高校を卒業した男子の、五分の一にあたる者が、生殖不能であるのが判ったのである。この辺りは、子を殖やし大家族を持てという聖典に従って暮す、モルモン教のコミュニティであったから、なおさら深刻な問題となった。そして、子供をつくり親になれた者も、遺伝上の害が心配であった。（中略）

早くも一九五九年に、核実験用地の風下に住む子供たちの体内のストロンチウム90のレベルが、通常考えられるより高レベルであるという調査報告が、出されていた。これも公表されぬまま握りつぶされた調査報告であるが、一九六五年には、米国公衆衛生局の調査員エドワード・ワイス博士が、ユタ州の住民の白血病発病率が異常に高いのは、放射性降下物に関連があると報告していた。放射能灰の降下が一番ひどかった数年間の「ユタ州南西部の白血病による死亡者データから明らかなのは、死亡者が極度に多いということである」

一九六五年の九月上旬、原子力委員会とアメリカ政府は、ワイス報告を検討する合同会議をもった。原子力委員会の代表は、もろにこの調査書を非難した。それから一週間後、原子力委員会の副委員長は、委員たちを前に、風下地域の白血病発病率を問題にするこの調査報告書を公けにすれば、「広報活動上不利になり、訴訟問題が起こったり、ネヴァダの実験に邪魔が入ったりするなど、原子力委員会は新たな問題をかかえこむことになる」と説得した。その頃には、大気中核実験は禁止されて行なわれていなかったものの、地下核

水爆製造を強硬に主張、
ジョンソン国防長官

原発マフィアに脅された
トルーマン大統領

ネヴァダの核実験では
多くのアメリカ人が被曝した

実験はそのままで、相変らず大気中に放射能を放出しつづけていたのである。

かくて、ワイズ報告書を原子力委員会、そしてアメリカ政府が握りつぶした。それだけでなく、一切の調査をさせないようにした。このワイズ報告書はまるまる十三年間、連邦保管室に放り込まれたままだった。被害者が連邦裁判所に賠償請求を訴えたがことごとく敗北した。私たちは今、福島第一原発の事故により、ネヴァダ州の住民たちと同じ立場にある。もう少し歳月が流れると、白血病患者が急増してくる。生殖不能の男子が増えてくる。広瀬隆の『危険な話』の続きを読んでみよう。恐ろしいことが書かれている。

今からちょうど三〇年前のこの古くさい英語の文章を、いま私が日本語に訳してお聞かせします。皆さんは驚くでしょう。どこかで聞いたことがあるはずです。カビの生えた文章ですが、よく聞いてくださいよ。いいですか。

——これらの被バク量は、私たちが自然から受ける放射能一〇〇ミリレムに比べて、ほとんど変らない安全な量です。また、医療に使われている放射能より、ずっと低いものです。高い山に登ると、二四〇ミリレムの放射線を受ける場所がたくさんあります。人間の体のなかにも、もともと放射線を出す物質が入っています。しかも私たちが目標としているのは、この数字ではなく、ネバダの実験場の外で住民が受ける放射能を、ゼロにすることです。

原子力エネルギー委員会

どうですか。この文章は、私たち日本人がいま電力会社から受け取るパンフレットそのままではないですか。最後の「原子力エネルギー委員会」を「東京電力」とか「関西電力」と置き換えて、ほら、週刊誌などのPRでよくこの文章をグラフにしたものを見るでしょう。あれは実に、三〇年前にアメリカ人がネバダの風下住民に配ったパンフレットから、そっくりそのまま内容を頂戴して絵に描《か》いたものだったのですね。

広瀬隆の『危険な話』は一九八七年に刊行された。今、私たちは、「東京電力」から金を与えられてきた東大教授たちが、東京電力の代弁者として、半世紀以上前の「原子力委員会」のパンフレットに書かれているのと同じ内容のことを、NHKや民放の番組に登場して、しゃあしゃあと喋っているのを見ている。東大、京大、大阪大に、中曽根康弘が国民の税金を投じて原子力研究所を作らせたときから、ごく一部の京都大学の教授、准教授、助手を除き、ほとんどの教授たちは、原発マフィア第二号の中曽根の言いなりとなった。今、私たちが直面している危機は、半世紀以上前のネヴァダの〝風下住民〟と同じなのである。

私はマグロ漁船、第五福竜丸について前述した。この項の最後にもう一度書くことにする。以下の文章はハーヴィ・ワッサーマンの『被曝国アメリカ』からのダイジェストである。

アメリカは十二年のあいだに原爆・水爆合わせて二十三回の核実験をした。一九四六年（広島・長崎への原爆投下から一年後)、ビキニ島民は、乾ききった土地に強制移住させられた。一九七〇年代、彼らはビキニ環礁に帰島したが、土地も食べ物も高濃度の放射能に汚染されたままだった。ストロンチウム90とセシウム137が危険量を超えていることが分かると、アメリカ政府は、ビキニ島民を再び移動させた。「ブラボー」(水素爆弾)が火を噴いたとき、現場から東に百二十八キロの海上にいた第五福竜丸が被爆したことはすでに書いた。

私は『被曝国アメリカ』に登場する原子物理学者、ラルフ・E・ラップの著書『福竜丸』(一九五八年)を読者に紹介したいと思う。

彼は書いている。「日本人にとって魚は主要食物の一つであり、水産業が重要な位置を占めていたから、マグロが高レベルの放射能で汚染されていると聞いて、日本中の人が激怒した。福竜丸が、アメリカの核実験から出た放射性降下物を浴びたことははっきりしていたから、報道関係も大いに騒ぎ、政治的な問題にまで発展しそうになった」

ルイス・L・シュトラウスがまた登場する。ヴィクター・ロスチャイルドの召使いである彼は第二回の水爆実験の後、太平洋の実験地から帰り、「ブラボー」核実験の影響に関する「誤解を正す」ための声明文を出したのである。被曝した島民および日本の漁民は、急速に快方に向かっているというのがシュトラウスの声明だった。

だが、前述したように、久保山愛吉さんは死亡し、あとの者も入院して何度も輸血をしなければならず、精子の数も減り続けた。『福竜丸』の著者ラルフ・E・ラップは次のように述べている。「久保山愛吉さんの未亡人にインタビューした。彼女は言った。第三者からみれば、死んでこんな多額のお金（一九五五年、アメリカ政府は福竜丸の乗務員と積荷に対し、二百万ドルの損害賠償金を支払った）を貰えるのなら死ぬのも悪くない、というくらいのことかもしれません。ですが、夫の命は、お金では買えないのです」

私は今、この文章を読みつつ、半世紀前のことを思い出している。おぼろげながら、久保山未亡人のインタビューされた姿も思い出した。ラップは次のように書いている。

「核兵器のほんとうに驚くべき破壊力が示されたのは、福竜丸の甲板であった。核爆発地点から、百何十キロも離れたところに居た者でさえ、核爆弾にそっと音もなく触れられて死ぬことがあるのだと知れば、人間が核爆弾を手にするには、世界はあまりにも小さすぎるということが、否でも応でも判るはずだ」

この福竜丸の被曝を知り尽くしたシュトラウスは、一九五四年の春、アメリカ中を巻きこんだ水爆実験の影響をめぐる論争の真っ只中で、次のように公言したのであった。

「放射線が少し増えたとしても、人間、動物、作物に害を与えうるレベルよりもはるかに少ない」

しかし、原子力委員会の内部調査では、「これまでに爆発された核爆弾の影響でいずれ、障害をもつ人びとが数知れぬほど出てくるだろう。有害な突然変異が、すでに一千八百例ある」と書かれていたのである。シュトラウスはそれを承知の上で、「放射線が少し増えたとしても、人間、動物、作物に害を与えるレベルよりはるかに少ない」と言ったのである。

また、シュトラウスは、「医療用のX線のような放射線源や〝自然放射線〟と比較し、核爆発から出る放射性降下物は人間の遺伝構造に重大な害を与えない」と断言した。そしてまた、シュトラウスは、放射性のストロンチウムやヨウ素のような同位元素が人体にもたらす危険についても、「あまりに微々たるもので問題にもならない」と主張した。

東京電力や関西電力は、このシュトラウスの主張する「無害論」をパンフレットにしてごく最近まで、東日本大震災のすぐ直前まで大量にバラまいていたのである。〝原発マフィア〟第一号・正力松太郎はシュトラウスの甘言を受け入れて、彼の代理人であり続けた。そして前述したように「毒をもって毒を制する」方策を立てて「第五福竜丸」を見せ物にした。この見せ物興行に日本政府も協力した。

同じようなことが進行中である。福島第一原子力発電所が〝見せ物〟興行師の手でクローズアップされるであろう。フランスのサルコジ大統領が日本にやってきたのも、GEのトップが東京電力本社にやってきたのも、水素爆発した原発を〝見せ物〟化して、「より新しい、すなわち、より安全だと思わせる発電所を造れ」と、日本政府と東京電力を説得するためであった。

彼らは原発マフィア第一号・正力松太郎の〝毒を持って毒を制する〟ことこそが、日本人を洗脳する一番よい方法だと知り尽くしている。多くの原発マフィアたちが海外の権力者の力を借りて、「もう一度、新しい原発を」「より安全な原発を」と騒ぎだす日は近いのである。

ウラニウムの利権競争が世界を狂わせた

藤永茂の『ロバート・オッペンハイマー』（一九九六年）には、プルトニウムについて次のように記されている。

長い間、もっとも外側の、最後の惑星と思われていた天王星《ウラノス》を超えて、一八四六年に海王星《ネプチューン》が、それから八十四年後の一九三〇年に冥王星《プルートー》が発見された。そのプルートーからプルトニウムの名が取られた。

私たちは原子力発電所から必然的に出てくるプルトニウムに悩まされている。プルトニウムこそは、この「地獄の魔王」の異名を持つものである。

ウランからプルトニウムを取り出せば、プルトニウムがより大きな原爆になる可能性があると分かったのは一九四二年の夏であった。アメリカの最大手化学メーカー、デュポン社をマンハッタン計画が正式に認めて、ハンフォードというところでプルトニウムを特別に抽出するプラントが造られた。四万五千人の労働者が工場建設に従事した。一九四四年の初めには、ロスアラモスの科学者たちの研究用に供される少量のプルトニウムが生産され始めた。四万五千人を超える労働者が働き、町ができた。デュポン社は酒場もいくつか建てた。巨大都市ができていった。十万人ほどの人々がいたのである。ここで長崎に落とされることになるプルトニウム爆弾が二発造られ、その一つが実験用に使われた。プルトニウムは一九四五年の時点で何よりも高価であった。しかし、私たちを今悩ませるのは、原子力発電所から出てくるプルトニウムである。このプルトニウム問題が解決できず、アメリカはついにスリーマイル島の原発事故以降、原発の建設を中止するようになる。

スリーマイル島の原発事故を調査した、中国新聞「ヒバクシャ」取材班による『世界のヒバクシャ』（一九九一年）から引用する。

事故処理が進む一方で、事故の全容をつかむ調査も依然として続いている。「なかった」はずの炉心溶融が三年後に初めて分かり、溶融の割合は二〇パーセント→三五パーセント→四五パーセントと調査のたびに増え、一九八九年五月には五二パーセントに書き換えられた。しかも最悪事態の寸前だったことを示す圧力容器の「亀裂」が見つかったのは八九年八月のことだ。

二号炉の建設費は七億ドル（九百八十億円）で、一方、事故後の除染費用は十億ドル（千四百億円）である。株の値下がりなどを加えた損失は累計で四十億ドル（五千六百億円）にものぼる。これは原発がいったん事故を起こすといかに高くつくかの証明でもある。

このスリーマイル島の原発事故は「レベル5」とされている。福島第一原発事故は「レベル7」である。

「ウラン資源を有効に利用し、原子力発電の供給安定性を高めるため、長期的に安全性及び経済を含め軽水炉によるウラン利用に勝るプルトニウム利用体系の確立を目指すこととする。すなわち、使用済み燃料は再処理し、プルトニウム及び回収ウランを利用していくとの考え方『再処理――リサイクル路線』を基本として、これに沿って着実、かつ、段階的に開発努力を積み重ねることにする」（原子力開発利用長期計画）

これが日本の原子力開発の一貫した方針である。しかし、プルトニウムという「地獄の魔王」が、使用済み燃料として大量に生まれてくる。原子爆弾（水素爆弾を含めて）に利用できるが、再処理＝リサイクルされたことはない。すなわち、世にいう「高速増殖炉」によるプルトニウム利用はほぼ不可能なのである。

武藤弘の『プルトニウム・クライシス』（一九九三年）から引用する。

現在の原子力発電（軽水炉）では、天然ウランの中に〇・七パーセントしか含まれていないウラン235のみを利用しているため、効率が悪い。残りの九九・三パーセントを占めるウラン238は燃えないウランですが、原子炉の中でプルトニウム239に転換されます。このプルトニウム239は核分裂性があるので、使用済み燃料を再処理してこれを取り出し、高速増殖炉などの燃料とすることでウラン資源の利用効率は格段に向上することになります。

『プルトニウム・クライシス』が世に出たのは一九九三年である。高速増殖炉でプルトニウムが、燃料として使える可能性があった時代である。しかし、今では、誰もその可能性を言わなくなった。「どうしてプルトニウムが地獄の魔王なのか」を追ってみよう。

プルトニウムは一九四一年、カリフォルニア大学のバークレー校で初めて作られた人工の元素である。周期律表では九十四番目の元素。比重がきわめて高く、融点は六四〇℃で、空気中に放置すると自然発火する可能性がある。プルトニウムで一般的に使われている同位元素はプルトニウム239。この連鎖反応で核兵器や原子力発電が生まれてくる。

では、どうしてプルトニウムは危険なのか。プルトニウムの原子核からは、二個の陽子と二個の中性子からなる高いエネルギーのアルファ（α）粒子が放出される。アルファ粒子（アルファ線）は紙を貫通することができないが、人間の細胞に激突して、細胞を破壊したり、殺すことができる。アルファ線は、体内で無数の化学結合がつくっている複雑な格子構造を破壊し、特に、細胞核の内部で新たな化学反応を生み出す。私たちはテレビのニュース番組で「アルファ線は紙を通さないから心配する必要がない」と、繰り返し聞かされている。福島第一原発事故でプルトニウムの放出が認められた。このことは、アルファ線が多量に出ていることを意味する。

「一〇〇万個のなかの一個のアルファ線が体内に入ると決定的な突然変異の原因になる可能性がある。したがって、いかなる量のプルトニウムでも癌を生み出す可能性がある」ということである。

ひとたび体内にプルトニウムのアルファ粒子が入ると、その半減期は二万四千六十五年である。その半分が別の元素になるまでの時間はさらに二万四千六十五年となる。福島原発事故でプルトニウムが出てきたことは、たとえ少量であっても二万四千六十五年は消えることはないということだ。私はあの原発事故でプルトニウムがかなり大量に出ているものと思っている。最も危険なのがプルトニウムであると知る必要がある。しかし、新聞もテレビも、たった一度だけプルトニウム放出の報道をしたが、後は一切報じていない。

プルトニウムを使っての人体実験が行なわれたのは一九四五年。広島と長崎に原爆が落とされた年であった。プルトニウムを秘かに人体に入れて、その毒性を調査することも「マンハッタン計画」の一部であった。ここではこれ以上書かないが、アルバカーキー・トリビューン編の『マンハッタン計画――プルトニウム人体実験』(一九九四年)に、この間の詳しい経緯が書かれている。

連日、新聞やテレビが、ヨウ素やセシウムの濃度のことばかり騒いでいるが、ヨウ素やセシウムよりもプルトニウムのほうが数百倍、否、数万倍も危険なのである。どうして、プルトニウムの報道は忽然と消えたのであろうか。

一九四三年五月二十五日、シカゴ大学冶金《やきん》研究所のエンリコ・フェルミ宛てに、「原爆の父」と呼ばれ、後に水爆製造への反対でルイス・L・シュトラウスによって原子力委員会から追放されたロバート・オッペンハイマーが手紙を出している。その中に、恐ろしいことが書かれている。

要点を申しますと、もしできることなら、もう少し計画を遅らせたほうがよいだろうというのが私の意見です(これに関連してですが、五十万人を殺すのに食べ物を充分に汚染できない場合には、計画を試みるべきでないと考えます。というのは、均一に分布させることができないため、実際に被害を受ける人間がこれよりはるかに少なくなることは間違いないからです)。

プルトニウムを取り出し、原子爆弾を造ったのは、シカゴ大学冶金研究所のエンリコ・フェルミを中心した物理学者たちであった。彼らが世界最初の原子炉を造り、プルトニウムを抽出し、これをデュポン社と組んでプルトニウム原爆として長崎に落とした（広島の原爆はウラン爆弾）。オッペンハイマーのこの書簡を読むと、日本の大都市に、プルトニウムのみを空中から散布する計画があったことになる。

オッペンハイマーはこの時期、プルトニウムの爆弾としての威力は確信していたが、毒性物質としての威力については知らなかった。それでオッペンハイマーはプルトニウムの毒性を調べるために、人体実験（それ以外に言いようがない）を命じた。数多くの人々が命を落とした。人体実験、そして核実験と続き、多くの人々が、プルトニウムという「地獄の魔王」によって殺され続け、これからも殺されていく。

では、ウラン鉱山について書くことにしよう。ウラン鉱山からウランを採り出さなければ、地獄の魔王も誕生してくることはないのだから。

私はスリーマイル島の事故について述べた前章で、「スリーマイル島の原発事故から十四週間経った一九七九年七月一日に、チャーチロックの溜池のダムが決壊し……」と書いた。私は、アメリカ人の被曝は、ウランによる原爆実験や原子力発電よりも、ウラン選鉱場の廃棄物による被害のほうが大きかったのではないかと思っている。

使用可能なウランは、普通、鉱石を粉砕してから硝酸溶液で処理して抽出される。硝酸が目的の同位元素を取り出すのである。だが選鉱操作の後に残された廃棄物は「尾鉱《びこう》」と呼ばれ、原鉱の八五パーセントの放射能が含まれている。この中には、放射性のウラン、トリウム、ポロニウム、ラジウムといった残留物が残る。それにカドミウム、アルミニウム、マグネシウム、バナジウム、亜鉛、ニッケル、セレン、ナトリウム、亜鉛、鉄などの金属物質、そして高濃度の硝酸塩が残っている。体積でみれば、九九・九パーセントが尾鉱、すなわち残留物である。これが核燃料の循環過程で、最も多大な放射線を被曝させる要因なのである。

原発マフィア第一号の正力松太郎は、日本でのウラン鉱山探しに狂奔したが、実用に供せる鉱山を発見できなかった。だから、日本人はこの尾鉱のことにいかに想像力をもっても、その悲惨さを実感できない。選鉱に使われるトリウム230、ラジウム222、鉛210などの溶解処理液＝漬出液は尾鉱の中に残っている。これを自然環境から隔離するのは、現在のところ、否、たぶん永遠に不可能である。

電力会社が「原子力発電所から出る排気はクリーンである」と宣伝するが、ルイス・L・シュトラウスが原子力委員会で発表した、偽情報を今もって伝えているのである。CO_2を出さないというが、ウランを得る段階ですでに、火力発電に比べてCO_2を大量に出している（CO_2については後述する）。

チャーチロックのような惨事はすべて、厳重な報道規制がされて伝えられていない。大量の尾鉱がいまだにアメリカ中に放置されている。その周辺の住民は、毎日がスリーマイル島のような状況に置かれている。この事実を知ると、それでもウラン鉱山から、原子力発電用に必要なウランを抽出してくる人間とはどんな奴らだろうと思うにちがいない。

こうした経緯を知って、「マンハッタン計画」をみるとどうなるのか。マンハッタン計画とは、ヴィクター・ロスチャイルドが中心になってつくった巨大カルテルが力を合わせて、アメリカにウラン鉱石を大量に買わせて成した、金儲けのための巨大プロジェクト以外の何ものでもない、ということが分かるのである。コンゴ産のウランだけでは足りず、ヴィクター・ロスチャイルドが秘かに手に入れていたウラン鉱山を、デュポンとカナダのインターナショナルが買い入れた。アメリカが原爆を製造するのに必要であったからだ。デュポンとインペリアル・ケミカルズは共同で、プルトニウム工場をハンフォードに造っていく。その過程でプルトニウムを日本の都市上空から散布する「五十万人殺害計画」が生まれてくるのである。

戦後しばらくしても、「マンハッタン計画」は生きていた。この計画は、原子力委員会へと変わっていった。あの原発マフィア、ルイス・L・シュトラウスの時代は、コンゴ、カナダ、

長崎上空で炸裂した
プルトニウム型原子爆弾

原子炉からプルトニウム抽出に
成功したエンリコ・フェルミ

戦後もマンハッタン計画は
営々と継続されていた

アメリカのウラン鉱山をほぼ、ヴィクター・ロスチャイルドが支配していた。しかし、世界中でウラン鉱山が発見されだすと、ウラン鉱山を支配していたヴィクター・ロスチャイルドのウラン支配がゆるんでいった。ヴィクターは方向転換を考えた。それが、フォード財団が打ち出した『選択の時』であった。石油があと十年かそこらでピークを迎えると、御用学者が騒ぎだした。

ここでは具体的には書かないが、石油高騰の芝居を演じたのはヘンリー・キッシンジャーであった。彼はロスチャイルドが支配するタヴィストック研究所から、石油価格を高騰させるシナリオを手渡され、実行に移していく。その過程で、FRB（連邦準備制度理事会）のポール・ボルカー議長が公定歩合を二〇パーセント超に引き上げる。

石油価格高騰が演出され、原子力発電所建設を一時中断する処置をとる。FEMA（連邦緊急事態管理庁）が作られ、「チャイナ・シンドローム」という映画が公開され、「スリーマイル島事故」が起きる。すべては〝歴史の流れ〟である。

石油マフィアの時代がやってきた。原発マフィアはひたすら忍従《にんじゅう》したのである。その間、多くの原発メーカーが倒産していった。当然である。そして、最後に四大メーカーが残った。ゼネラル・エレクトリック（GE）、ウェスティングハウス（WH）、バブコック・アンド・ウィルコック社（B&W）、コンパッション・エンジニアリング（CE）の「ビッグ・フォー」の中で、ついにはGEだけが残った。それは原子力発電所を造るメーカーの力が、石油マフィアの悪辣さに劣っていたということになる。本当の原発マフィアは、原発メーカーではなく、ウラン鉱の支配者であることを知れば謎が解けてくる。原子力委員会（AEC）の実権が、ルイス・L・シュトラウスの時代を頂点にして落ちていくのも歴史の必然であった。

歴史は流れている。その流れはほとんど故意の力で流されている。一つの例を挙げる。『ロックフェラーの完全支配』は先に一部引用した。表題とは異なり、ロックフェラーがほとんど登場しない摩訶不思議な本である。引用する。

一九七〇年代より、一部の英米シンクタンクと専門誌が、脅威のプロパガンダ攻撃を開始し、過激な石油ショック戦略を確実に「成功」させるために、新たに「成長の限界」作戦を展開した。サルトショーバーデンのビルダーバーグ会議に出席したアメリカの石油業者ロバート・O・アンダーソンが、この英米のエコロジー作戦の実施に当たった中心人物である。それは歴史上最も成功した詐欺の一例となった。

ビルダーバーグ会議を主導するのはヴィクター・ロスチャイルドであった。このことはダニエル・エスチューリンの『ビルダーバーグ倶楽部』（二〇〇六年）の中に書かれている。ロバート・アンダーソンがこの作戦の指揮を、ビルダーバーグ会議から命じられたということである。その作戦の一つとして「地球の友」という団体が生まれた。ビルダーバーグ会議が二十万ドルを出して作ったのである。

この「地球の友」のイギリス支部に籍を置く研究者、エイモリー・ロビンスは原子力反対会議に出席し、「原子力とは、その時代が去ってしまった未来テクノロジーである」と述べた。「原子力発電は必要悪にすぎない」とも述べた。間違いなく、ヴィクター・ロスチャイルドの意向を代弁していた。前述したが、これと同時にフォード財団が『選択の時』を公表した。

フォード財団の報告書が出ると、世界中に、新しいエネルギーとは何かで大論争が始まった。原子力発電反対派は、可能な代替物を捜しだした。植物の液体アルコール燃料への転換、よりきれいな石炭燃焼方式、地熱エネルギー、海洋の温度差を利用しての発電方式……。

「地球の友」が故意に作り出したエコロジーの英雄ロビンスは、「小さいことは美しい」という哲学を主唱した。彼は代替エネルギーを要求した。ロビンスは原子力推進派から猛反発を受けた。どうして原子力支持勢力は怒ったのか。ロビンスが彼らの原子力を全面否定したからであった。「石油、石炭、ウランはいずれ枯渇してしまう」とロビンスは主張した。石油ピーク説が燃え上がった。石炭のCO_2による「地球温暖化説」が登場してきた。ヴィクター・ロスチャイルドは、時を待った。やがて、石油、石炭がエネルギーとしての価値をなくす時が来るのを待ったのである。

ヴィクターとユダヤ資本家、金融マフィアたちは、次から次へと御用科学者を培養していった。そして、ついに「原子力ルネッサンス」の時代がやってくる。その切り札こそが地球温暖化というエセ科学であって、一流と称される科学者たちを買収して全世界に流行させたのである。その準備の第一段階として「地球の友」という団体は創設された。フォード財団の『選択の時』はそういう目的で、人類すべてをペテンにかける目的で発表されたのであった。

私たちは二十一世紀に入って、ウランを制する者が世界を支配する世界を迎えた。否、その言葉は正確ではない。迎えようとしていた。そこに、福島第一原子力発電所で大爆発が起こったのだ。

最後にもう一度、ルイス・L・シュトラウスについて書くことにする。

一九五五年の夏は、シュトラウスらが計画していた「平和の原子力」にとって、画期的な季節となった。東西冷戦が始まって以来初めて、世界七十三カ国の科学者がスイス・ジュネーブ

大量の御用学者を養成して国際世論を誘導したフォード財団

エコロジー運動の捏造学者、エイモリー・ロビンス

フォード財団が発表した報告書『選択の時』

で一堂に会したからだ。この「ジュネーブ会議」こそが、「原子力の平和利用」に関する最初の国際会議であった（第一回原子力平和利用国際会議）。アメリカは、スイス・レマン湖畔のパレデナシオンの敷地（かつての国際連盟本部）に小型の原子力運転炉を造っていた。会議では、シュトラウスは陰の役に徹した。アメリカ代表団の団長は物理学者のイシドア・ラビであった。ソ連もこの会議に積極的に参加した。

平和な原子力に関する科学的文書が数カ国語に翻訳された。放射線の危険性や、発電原子炉から生まれる有毒廃棄物の処理問題はいつの間にか脇に押しやられた。会議の締めくくりに、議長を務めたインドのホミ・バーバー博士は、「今や、原子力発電の実現性は疑問の余地なく立証された」と強調した。ジュネーブ会議は大成功だった。ここから、国際原子力機関（ＩＡＥＡ）が生まれてきた。原子力の平和利用が現実となっていく。ルイス・Ｌ・シュトラウス、そして何よりも彼の御主人ヴィクター・ロスチャイルドが勝利した夏であった。しかし、この勝利の季節は短かった。ヴィクター・ロスチャイルドは堪えた。そして石油高騰を演出した。一九九〇年、彼は死ぬ。それは一つの時代の終わりであったのかもしれない。

ジュネーブ会談には日本代表として、物理学者の駒形作次博士、国会議員からは前田正男（自由党）、松前重義（社会党右派）、志村茂治（社会党左派）、そして和製〝原発マフィア〟第二号の中曽根康弘（改進党）が出席した。

ヴィクター・ロスチャイルドの従妹《いとこ》の夫にユダヤ系フランス人の物理学者、ベルトラン・ゴールドシュミットがいた。マンハッタン計画の陰の重要人物で、ヴィクターの代理人として暗躍した。戦後、フランスの原爆開発の主役を演じた。フランスの原子力庁長官として、原発の責任者となった。そのゴールドシュミットも、ジュネーブ会談にフランス代表として出席した。後にＩＡＥＡができると、その初代議長となった。

ＩＡＥＡを支配したのがヴィクター・ロスチャイルドであると知る必要がある。すると、原子力の平和利用の真の意味が分かってくる。

次章で再び、原発マフィア第二号、「中曽根が第一」の中曽根康弘を登場させることにする。

［第5章］かくて日本はアメリカに嵌められた

原発は中曽根により国策とされた

中曽根康弘は、アメリカ陸軍情報部から「中曽根が第一」という称号を貰っていた。和製原発マフィア第二号は回顧録『天地有情』（一九九六年）の中で、自らの〝正体〟を明らかにしている。彼は伊藤隆（当時、亜細亜大学教授）のインタビューを受けて次のように答えている。

マッカーサー司令部のＣＩＣ（対敵国諜報部隊）に所属して、国会や各党に出入りして情報活動をしていたハーバード大学出のコールトンという人が、私に、ハーバード大学の夏期国際問題セミナーに参加しないかと話しを持ちかけてきたんです。

原発マフィア第二号の中曽根がアメリカに渡って何をしたかについては前述した。彼はまた、同書の中で、佐藤誠三郎（当時、埼玉大学大学院教授）の質問に次のように答えている。

ハーバード大学に行ったときもゼミナール終了後、原子力施設を見に行ったし、ニューヨークでは財界からもいろいろ話を聞きました。ちょうどアイゼンハワーが「アトム・フォー・ピース」といい出して、アメリカに原子力産業会議ができて、軍用から民間の平和利用に移行するときでした。それで、これはたいへんだ、日本も早くやらないとたいへんなことになるぞ、とサンフランシスコに戻って、バークレーのローレンス研究所にいた理化学研究所の嵯峨根遼吉博士に領事公邸にきてもらって二時間ぐらい話を聞きました。

日本における原発の出発点を中曽根は見事に語っている。中曽根が原子力委員会（AEC）のシュトラウス委員長から「日本に原発を造る運動に入れ」と命令されたのではないか、と私は前述した。

中曽根は「原子力施設を見に行った」と書いている。当時、アメリカは原子力に関しては秘密主義を取っていた。原子力施設を日本の政治家に見せることなど、断じてなかったはずだ。特別の〝エージェント〟だからこそ、彼は異例の優遇をされたのであった。

中曽根は佐藤の質問に次のようにも答えている。原子力発電所のことである。

これはもう緊急非常事態としてやらざるを得ない、そう思いましたよ。研究開始が一年遅れたら、それは将来十年、二十年の遅れになる。ここ一、二年の緊急体制整備が日本の将来に致命的に大切になると予見しました。（中略）

そこで、いろいろ勉強して、川崎秀二、椎熊三郎、桜内義雄、稲葉修、斉藤憲三君らの支持を得て、二億三五〇〇万円の予算を組みました。当時、予算は自由党が組んでいましたが、改進党の賛成がないと成立しないわけですよ。それでも、予算案審議がはじまって三月の成立直前に、突如、修正案を出したわけです。

佐藤　根回しなしで？

さて、中曽根は、この質問に対し、いろいろと注釈をつけている。当時は吉田茂が内閣をつくっていた時代、自由党時代であった。改進党の若手中の若手であった中曽根（一九四七年に初当選）が、国家予算案を突然出して、それが通ることなどありえない。

これには裏があった。吉田首相が出すべき予算修正案は、世論の猛反発を受ける可能性があった。中曽根は裏工作を自由党から受けた。そこで中曽根は応じざるをえなかった。すでに、CIC及び陸軍諜報部、そして間違いなくCIAのエージェントであった中曽根は、吉田茂の秘密工作を受け入れた。すべてはアメリカが用意周到に準備工作をしたものであった。吉田茂こそ、CICが作り上げたアメリカが誇る最高のエージェントであった。CIAのエージェント・岸信介が自由党に入党したのは一九五三年三月。彼が吉田茂と中曽根を動かしたとみる。岸信介は原発マフィア第一号・正力松太郎と同様に、A級戦犯から自由の身とされ、同時にCIAの秘密要員（正力のようにコード名があるにちがいない）になった男である。彼は後に首相となるが、弟の佐藤栄作とともにCIAから金を貰い続けていた。私は、正力松太郎と中曽根康弘の二人の線で原発が日本に造られたと書いてきたが、二人は表舞台に出された〝役者〟であるだけで、陰で裏工作がなされたと思っている。吉田茂、岸信介たちが裏工作をしたのである。

さて、佐藤誠三郎は中曽根に、「あの二億三五〇〇万円という数字にはどういう根拠があったのですか」と見えすいた愚問をしている。中曽根は答えている。

「ウラン２３５の２３５ですよ（笑い）。基礎研究開始のための調査費、体制整備の費用、研究計画の積み上げです」

私は、日本人にこんなユーモアがあるとは思わない。中曽根はアメリカに行き、ウラン２３８から原爆用の２３５が作られ、これが原子力発電にも使用されることを知っていたのかも知れない。しかし、「ウラン２３５から二億三五〇〇万」という数字は日本人的な発想ではない。

裏工作により原子力予算案
を提出させた吉田茂

A級戦犯からＣＩＡの秘密
要員、そして首相の岸信介

実兄の岸と同様、ＣＩＡから
資金提供を受けていた佐藤栄作

この予算案も、アメリカ側が中曽根に提供したものと思えてならない。

中曽根一行が、AEC委員長が準備し、実行した一九五五年五月のスイス・ジュネーブで開かれた「第一回原子力平和利用国際会議」に出席したことはすでに書いた。

四人のメンバーのうち、前田正男は自由党、志村茂治は社会党左派、松前重義は社会党右派、そして中曽根が改進党であった。彼ら四人は会議の後、フランス、イギリス、カナダの核および原発の施設を回った。そして、「羽田に着く頃には、もう諸法案の骨子ができあがっていた」と中曽根が語っているが、これも怪しい。アメリカのAEC委員長ルイス・L・シュトラウスから、諸法案の骨格となる素案を与えられたのではなかろうか。

私たちは、ここで知らねばならない。日本共産党を除く四党派がこぞって、原子力の平和利用、すなわち、原発を造ることに賛成したことである。

あのウラン235をもじった予算案が予算委員会を通過した翌日、新聞、ラジオはいっせいに反発したのであった。「どうせ原爆を造る気だろう」「無知な予算だ」「学術会議に黙ってやった」……。それでも四党は強引に押し通した。私はアメリカが強力な圧力を加え、日本政府、政党を脅した結果だとみている。突然の「原子力の平和利用」が日本国民の知らないところで、CIAのエージェント（あえてこう書く）、原発マフィア第二号、中曽根康弘によって開始されたのである。

この予算がつき、正力松太郎が衆議院議員に初当選し、初代の科学技術庁長官、そして原子力委員会の委員長となる。ポドム・正力松太郎と「中曽根が第一」の二人組が、原子力発電所を強引に日本に造っていくのである。

正力と中曽根の原発マフィアは共同で、次々と法案を提出しては通過させていく。原子力委員会設置法、核原料物資開発促進法、原子力研究法、原子燃料公社法、放射線障害防止法、そして科学技術庁設置法が、矢継ぎ早にできていった。この間、役人は一切関与していない。中曽根は衆議院の専門委員と法制局の参事を使っただけで、中曽根を中心とする一部の国会議員だけでの議員立法の形で法案が提出され、成立していったのである。

私は、アメリカ側が翻訳して提出しろと命じ、一方的に与えた法であったと思っている。このときの内閣総理大臣は鳩山一郎である。鳩山は吉田茂の奸計《かんけい》にはまって首相の座を奪われた。その間、フリーメイソンに加入し、ユダヤ機関に近づいている。鳩山が首相になると一気に原子力の平和利用の時代がやってくる。中曽根は鳩山の子分、三木武吉《みきぶきち》を通じて原子力政策をすすめていく。鳩山首相は黙認を続けた。

第一次鳩山内閣が成立したのは一九五四年十二月八日であった。正力松太郎は初当選後、ただちに鳩山内閣に無任所大臣として入閣。中曽根は科学技術庁設置法案と、原子力委員会設置法案を出した。科学技術庁、そして原子力委員会ができると、正力はその長となった。中曽根は前述した他の法案を出していった。実に見事な連携である。

日本人は知らなければならない。日本の議会史上で、一議員が法案を出して成立させたのは、田中角栄が土地を国有化する例外処置法案を成立させたのが唯一の例である。中曽根は野党の、当選まもない新米国会議員でありながら、しかも役人の力を借りずに六つの法案を出して成立させたのである。この法案が成立し、一九五五年十一月十四日、日米原子力協定が調印される。一方、原水爆禁止日本協議会（原水協）もほぼ同時期にできる。日本はアメリカの力添えを得て、原子力を平和利用する約束をする。そして十二月十九日、原子力基本法が成立し、原子力委員会設置法が公布される。

かくて、一九五六年一月四日、原子力委員会第一回会合が開かれ、委員長に正力松太郎がおさまった。前年の十一月に「保守合同」がなされ、中曽根は自由民主党（自民党）副幹事長になっていた。正力松太郎科学技術庁長官、中曽根康弘自民党副幹事長のＣＩＡエージェントにより、原子力発電所を設置することは〝国策〟となった。一九五六年春の出来事であった。後は、いかにして原子力発電所を造っていくかの問題だけとなった。

ここで、私たち日本人は知らなければならない。まず、法律が制定され、日米原子力協定が調印されて、東京電力と関西電力が動き始めたということである。これは何を意味するのか。原子力発電所は最初から国家が建設し、維持し、管理するという特殊なシステムが完成し、これにアメリカが強制的な力を発揮したということである。東海村はもとより、福島第一原発も、第二原発も、東京電力の事業というよりは、国家事業であったことを私たち日本人は知らねばならない。

中曽根は『政治と人生　中曽根康弘回顧録』（一九九二年）の中で妙なことを書いている。中曽根は河野一郎の派閥に属していた。河野一郎は一九六五年七月に急逝する。中曽根は河野派を継ぎ、「新政同志会」の代表となった。時に四十八歳であった。

けれども、私が最年少の派閥の指導者となったのは、衆議院解散のわずか十四日前のことである。派閥の領袖とはいっても、党三役はおろか経済閣僚も経験していない私に、カネの集まるはずもなかった。かろうじて河野先生にゆかりの河合良成、永田雅一、萩原吉太郎、平塚常次郎氏らの「三金会」の支援と、かねて私を囲む各社労務担当重役との会を主催してくれていた日経連事務理事の前田一氏、原子力産業会議事務局長の橋本清之助氏の斡旋で選挙資金を賄った。（中略）原子力産業会議の橋本清之助氏も私の原子力政策に共鳴し、電力会社などの幹部を集めてくれた。いずれも私の草創期の恩人である。

中曽根は選挙資金（＝派閥の維持費）を得るために、原子力産業を育て、その産業から多額の政治資金を得ていた。

私は先に、中曽根の協力者として、五島昇を紹介した。しかし、中曽根は静岡高校卒業生を中心とするグループの支援を受ける一方で、原子力関係の企業から多額の支援を受けることになる。多くの企業が中曽根を支援するが、ここでは原子力関係に的を絞ってみたい。

中曽根が派閥の領袖になると、将来の首相候補者として有望視されだした。特に三井銀行相談役の小山五郎《こやまごろう》は「仰秀会」をつくり、中曽根が中曽根派を結成すると物心両面でバックアップした。また、小山五郎は、中曽根の「中」と、三井グループの「井」をとって「中井会」を立ち上げた。この中井会が中曽根とグルになり、原子力発電所の利権を獲得していくことになる。財界首脳たちは中井会と併行して「弘基会」を立ち上げた。永野重雄《ながのしげお》（元日本商工会議所会頭）が世話人となり、渥美健夫《あつみたけお》（当時鹿島建設社長）がメンバーに加わった。

ほぼ同時期に、「あけぼの会」ができた。当時、藤野忠次郎《ふじのちゆうじろう》が三菱商事の会長だった。三菱商事は原子力の平和利用が叫ばれだすと、ロスチャイルドと交渉に入り、ウラン原料を輸入する契約をいちはやく結んだ。また、弘基会に入った渥美健夫は、中曽根の次女・恵美子を、長男・直紀の嫁に迎えた。

あの福島原子力発電所の利権について書くことにする。日本人がいかに欺されてきたかが分かるのである。鎌田慧の『新版・日本の原発地帯』（一九九六年）から引用する。

「六四年十一月二十七日、法人所有地一〇一万平方メートルの売買契約が成立し、東京電力の発電所用地が確保される」（『原子力行政の現状』）

（福島）第一原発の敷地面積約三百五十万平方メートルのうち、三割弱は堤康次郎《つつみやすじろう》の所有地だった。それが用地買収を簡単なものにしたのだった。原発予定地の海岸側は民有地、内側は堤の所有地となっていたのだが、かつてこのあたりは、熊谷飛行隊の「盤城飛行場」だった。

鎌田慧は「戦後、六十人に七十町歩が払い下げられた」と書いている。その六十人から堤康次郎が秘かに、この土地を買い取ったのである。吉田茂元首相が堤康次郎のことを「刑務所の塀の上を歩いている男」と評したことがあった。その堤が、小佐野賢治を介して田中角栄の親友となる。小佐野と堤は、一九六〇年に山梨交通の株をめぐる激しい争いの後、親友となっていた。

さて、私は次のように推察する。中曽根康弘と田中角栄は、福島第一原発が福島県の現在地に内定すると、利権を分け合うことに決めた。田中角栄は友人となった堤康次郎に秘かに土地

原子力委員会第１回会合、
中央が正力、左隣は湯川秀樹

完成した第一実験原子炉を
見学する正力ら原子力委員

西武グループの創始者、
堤康次郎が用地を買収

建設前の福島第一原発用地
（『東京電力30年史』より）

を買収させた。中曽根は鹿島建設の渥美健夫社長に建設の利権を与えた。原発マフィア第二号の中曽根と、原発マフィア第三号の田中角栄はこうして利権を分け合ったのだ。

西武クレジットは西武百貨店、西友ストアが主要な株主であった。第三番目の株主はスイスの最大手銀行クレディ・スイス。田中角栄は堤康次郎の紹介で、ここに多額の闇資金を隠した。今、原発マフィア第三号ミセスこと、田中眞紀子がこの闇資金を管理している。

日本全国に造られた原発はすべて利権がらみである。一つの例外もない。中曽根康弘が田中角栄の後に首相になっていくのは、彼が衆議院に初当選して以来の既定路線であった。

田中角栄に小佐野賢治、稲川会を実質的に支配した石井進という暴力装置があったように、中曽根康弘には四元義隆《よつもとよしたか》という右翼と、児玉誉士夫がいた。四元は井上日召《いのうえにっしょう》の「血盟団」に加入し、牧野伸顕《まきののぶあき》内大臣（吉田茂の岳父）を襲った人物である（一九三二年、結盟団事件）。児玉誉士夫についてはすでに書いた。

中曽根を実質的にというか、本当に動かした人物がいた。その男の名は瀬島龍三《せじまりゅうぞう》（一九一一―二〇〇七）である。大本営参謀として、ソ連が天皇を戦犯で東京裁判で訴えることを察知すると、瀬島はシベリアに渡り、天皇の免責と引き換えに、五十万以上の兵隊がシベリアに抑留され、強制労働させられることをゆるした。瀬島は一九五六年までの十一年間、ソ連に抑留された。しかしシベリア抑留時代、高級士官待遇でソ連に厚遇された。一九五六年に釈放されると、一九五八年、伊藤忠商事に入社、一九七八年に同社の副社長となった。天皇の影武者として、その生涯、中曽根康弘ら多くの政治家を自在にコントロールした。瀬島は戦後、情報機関をつくり、原発第一号の正力松太郎もその指揮下においた。私は、瀬島龍三こそが日本の最高権力者であり続けたのではないかと思っている。

一九八二年十一月二十七日、第一次中曽根内閣が成立した。その一カ月前の十月七日に中曽根は、日記に次のように記している。

「瀬島に委細を話し、今後の対策を考えてもらう。瀬島氏にはその折りの財界工作、田中角、福田工作を相談する」

瀬島は昭和天皇の相談役でもあり続けた。「田中角、福田工作」とあるように、さすがの田中角栄も瀬島の忠告には逆らえなかった。中曽根外交のうち、対韓国に関しては瀬島龍三がすべて、指揮権を握っていた。中曽根内閣は一九八三年十二月十八日に「平和問題研究会」を発足させたが、そのリーダーも瀬島龍三であった。委員会は同じ日に報告書を出した。中心は日米安保体制であったが、原発についても触れている。

「原子力の中核的役割にかんがみ、核燃料サイクルの確立、新型動力炉の開発などを積極的に進める必要がある」

核燃料サイクルの確立・新型動力炉の開発とは、「プルサーマル」のことである。原発から出てくるプルトニウムを再処理することこそが、「平和問題研究会」の主要なテーマであったことが分かるのである。この研究会の座長は、高坂正堯《こうさかまさたか》（京都大学教授）である。中曽根康弘は、高坂をはじめとする京都大学の桑原武夫《くわばらたけお》、梅原猛《うめはらたけし》らの学者とも交わり、政策の遂行に利用した。平和問題研究会のメンバー全員が、原発推進派であった。以下に記す（肩書きは当時）。

大慈弥嘉久《おおじみよしひさ》（アラビア石油相談役）
佐藤欣子《さとうきんこ》（弁護士、扶桑社取締役）
佐藤達郎《たつろう》（時事通信顧問、元同社社長）
瀬島龍三（臨時行政改革推進審議会委員）
竹内道雄《たけうちみちお》（東京証券取引所理事長、元大蔵事務次官）
中山素平《なかやまそへい》（国際大学理事長、元興銀頭取）
中山賀博《よしひろ》（青山学院大学教授、元駐仏大使）
並木正吉《なみきまさよし》（食料・農業政策研究センター食料政策研究所長）
宮田義二《みやたよしじ》（鉄鋼労連最高顧問）
向坊隆《むかいぼうたかし》（原子力委員会委員長代理、元東京大学総長）

瀬島龍三は昭和天皇およびＣＩＡと結びつき、電通、博報堂などの情報組織の影の支配者であり続け、伊藤忠商事の相談役その他、数えきれない肩書きを持っていた。

もう一つ、中曽根が首相であった当時の諮問機関に「エネルギー・レアメタル専門部会」があった。その報告書の一部を記すことにする。

「原子力発電は今後の我が国電力供給の中核となることを期待されているが、この安定的な発展を図るためには、原子燃料サイクルの適切かつ着実な事業化を推進していくことが重要である」

この部会の座長は生田《いくた》豊朗《とよあき》（日本エネルギー経済研究所理事長）であった。なお、川又《かわまた》民夫《たみお》（東京電力燃料部長）と宮本《みやもと》一《はじめ》（中央電力協議会事務局長）の名が見える。ここでも「原子燃料サイクルの適切かつ着実な事業化を推進していくことが重要である」と書かれている。いかに、中曽根康弘がプルサーマル問題で悩んでいたかが見えてくる。中曽根はプルトニウムが溢れるほど増えたので、各電力会社に、秘かにウラン燃料の中にプルトニウムを入れて「MOX《モックス》燃料」として使うように命じたのではないのだろうか。これは私の憶測である。

日本の権力層を裏から
支配した男、瀬島隆三

旧陸軍士官時代の瀬島、
昭和天皇の免責に成功

50万以上の日本兵捕虜が抑留、
５万人以上が死亡した

元社会党議員の楢崎弥之助《ならさきやのすけ》が、中曽根内閣の時代を以下のように評している。

中曽根元首相（在任期間・昭和五十七年十一月〜六十二年十一月）

国債残高は一〇〇兆円台に突入、財政破綻は深刻化。第二臨調の提言などをもとに緊縮財政を模索したが、国鉄民営化・分割を除いては臨調の提言はほとんど実現しなかった。逆に防衛費のGNP比一％枠を初めて突破（三兆四七九五億円支出）、防衛費は毎年四〜六％増となった。

国鉄清算事業団を残したため、その債務は以後も増え続け、現在二八兆円に達している。「中曽根民活」により土地は高騰し、バブル経済の到来と、その崩壊で日本経済は混乱、現在の景気低迷まで尾を引いている遠因をつくった元凶である。

楢崎弥之助は、「リクルート事件の主役は中曽根首相である」と断言している。しかし、この事件については書かない。私もそう思っているとのみ書く。

中曽根康弘はロッキード事件にも関与したと先に書いた。だが、中曽根だけは別扱いされた。ここにも私は瀬島龍三の影を見る。その背後に、大きな闇の組織が動いている。中曽根を免罪にした連中こそが、原発を造ったのである。その源を辿っていくと、アメリカが、そしてそのアメリカをさらに支配する闇の組織が見えてくる。私が第一章で描いた世界である。

青森県六ヶ所村にプルトニウムをもっていくことを決定したのは中曽根康弘である。日本は、否、世界はまことに運がよかった。あの3・11巨大地震がもう少し北の震源で起きていたら、プルトニウムが爆発し、世界は滅ぶところであった。アメリカも、世界権力を狙う連中もみんな、みんな、滅び去ってしまうところであった。

六ヶ所村は、青森県の下北半島、恐山《おそれざん》近くの寒村である。活断層がたくさん走り、地震の多発地帯である。中曽根康弘は一九八七年十一月に首相の座を去った。その翌年から、六ヶ所村にウラン濃縮工場が着工され、原子燃料関連施設の建設が続けられた。

営業運転を開始して三十年から四十年が経ち、日本の原子力発電所は老朽化してきた。中曽根康弘は「総合エネルギー調査会」を一九八五年につくった。その調査会が百十万キロワットクラスの原子炉を解体するのにどのくらいの費用がかかるかを試算した。約三百億円と計算された。中曽根の後を継いで首相となった竹下登は、一九八八年に電力会社に廃炉費用の積立制度をつくらせた。廃炉に備えるための電力四社の積立額は二〇〇一年度末で九千四百七十七億円となった。解体しても二十五年間(この見通しは短かすぎる)は、毎年数百億円がかかることがわかった。解体すれば、国家予算のかなりの巨額をその費用として、数十年間は注ぎ込まねばならない。

すべてはウラン235から採用された二億三千五百万円の予算案から始まった。維持することも不可能、解体することも不可能な原発が五十四基も存在する日本。こんな日本をつくったのは、原発マフィア第一号と原発マフィア二号だけではない。多くの利権を漁る連中が、この日本という国を喰いつぶしたのである。
中曽根康弘が首相であったのは、一九八二年十一月から一九八七年十一月までの五年間である。この五年間に、青森県下北半島、恐山近くの寒村、六ヶ所村は大きく変貌した。
この項の最後に、先に引用した福島菊次郎の『ヒロシマの嘘』からもう一度引用する。日本の悲しきまでの姿が描かれている。

農漁民の苦境につけ込み、札束を振りかざして土地や漁業権を収奪し、またたく間に工場地帯に変え、失業者を原発労働者にして囲い込んで隠蔽してしまう資本の論理の凶悪さに慄然とするだけだった。(引用者註：福島菊次郎は幾度も六ヶ所村を取材している)
一九七八年には開発公社は用地の九四パーセントを買収、総選挙遊説のために来県した中曽根首相は、「下北半島を原子力のメッカにしたい」と発言して推進派の拍手を浴び、一九八五年四月には青森県議会と六ヶ所村議会が核燃料基地立地の受け入れを決定、九月には国家石油備蓄基地が完成し、六ヶ所村は日本の高度成長の前進基地として脚光を浴び、荒涼とした原野のなかに五十一基のライトアップされた銀色のタンク群を出現させた。

福島菊次郎が書き続けていた時代は、中曽根康弘が首相であった時代である。中曽根は、六ヶ所村をプルトニウムの巨大施設にした。

一九八六年、チェルノブイリ原発事故が起きた。青森県農協青年部など四団体が核基地建設反対運動を始めた。一九八八年には「核燃料サイクル阻止一万人訴訟原告団」が結成された。しかし、この一九八八年にはウラン濃縮工場建設に科学技術庁の事業認可が下り、同時に着工された。一九九二年二月にはウラン濃縮工場が本格的操業を開始した。一九九三年一月、フランスからのプルトニウムを積んだ輸送船「あかつき丸」が入港した……。

そして、3・11巨大地震が起きた。震源地がもう少し青森県寄りであったなら、日本はたぶん、いや間違いなく壊滅していたであろう。

私は、日本人はどこかで大きな間違いを犯し続けていると思っている。第二次世界大戦で日本が敗北したのに、その真の原因が隠されたままではないか。今回の3・11巨大地震でも、起きるべくして福島第一原発の大事故が起きたのに、その真の原因を探ろうとする動きは見えてこないのである。

私はその真の原因を読者に知らせるべく、降りかかるであろう苦難を百も承知で追及の旅に出ている。

東京電力と関西電力は原発マフィアの餌食となった

私はこの項を始めるにあたって、内橋克人の『日本エネルギー戦争の現場』（一九八四年）をまず紹介したい。中曽根が二億三千五百万円の予算案を提出した前後のことが書かれている。

「正力さんは原子力発電によって、日本の共産化が防げると信じていたフシがある」（堀純郎＝工業技術院初代原子力課長として原子力行政に携わった）。

戦後の物資不足時代はまだつづいていて、彼は「このまま貧しさの中に閉じ込められてしまうと日本は共産化する。生活水準の上昇を阻む諸悪の根源は一にかかってエネルギー不足問題にあり、発電コストの安い原発が可能になれば、エネルギー不足は解決し、共産化を防ぐことができるはずだ」とまじめに考えていたという。

共産主義の恐怖を説く時代の風潮はたしかにあった。しかし、正力松太郎の強弁であろう。正力松太郎、〝原発マフィア〟第一号が原発推進に力を入れたのは、やはり原発マフィア第二号の中曽根康弘とともに、彼らがＣＩＡのエージェントだったからだ、とみるのが正当な見方のように思える。中曽根康弘が六つの法案を矢継ぎばやに出したように、正力松太郎も原発の開発を急いでいた。正力は原子力委員会の委員長になると、声明を出した。

「わが国の主要エネルギー源である石炭、水力などについてみれば資源的に、また経済的にもその限度に達しつつあり、次第に需要に追いつかなくなることは火を見るより明らかであります。我々が原子力発電をすみやかに実現してわが国産業経済の興隆に資したいと念願している大きな理由もここにあります」

石炭を掘り出し、これをエネルギー源としてきた日本の根本政策が、正力松太郎と中曽根康弘により大きく転換していくことになった。コメより小麦が主食となっていくように、アメリカの政策によって日本が変わっていくのである。

この声明の中に「今後五カ年間に原子力発電の実現に成功したい意気込みである」との文章が入っていた。正力松太郎は、「原子力を使うと燃料費が安いから外貨の節約になる。外貨の節約が至上命題だ」との信念の持ち主だった。

正力松太郎がコールダーホール発電炉の開発責任者のクリストファー・ヒントン卿を日本に招いたことは前述した。正力松太郎は「日本原子力産業会議」を、日本原子力委員会の設立の一カ月後の一九五六年三月に設立した。学者たちを中心とする委員会の他に、産業界の大物たちの会議が必要だったからだ。会長に菅礼《すがれい》之助《のすけ》（当時、東京電力会長）をすえた。ここに正力松太郎の野心が見えてくる。副会長には植村甲午郎《うえむらこうごろう》（当時、経団連副会長）、杉道助《すぎみちすけ》（当時、大阪商工会議所会頭)、大《おお》屋敦《やあつし》(当時、住友ベークライト相談役)をすえた。この日本原子力産業会議が原発導入の強力な推進役となっていく。正力松太郎は最初から、東京電力を中心とした原子力発電所を構想していた。

　一九五六年九月十七日、この日本原子力産業会議がアメリカの原子力産業を視察すべく、羽田空港を出発する。団長は副会長の大屋敦。この調査団のメンバーに木川田《きかわだ》一隆《かずたか》(東京電力副社長)が入っていた。彼ら一行は、ジェネラル・エレクトリック(GE)、ウェスティングハウスなどの視察をする。イギリスはいちはやく原子力発電所を開発し稼働していたが、アメリカは研究開発中であった。

　彼ら一行は、原発のもつ危険性を知らなかった。いや、知ろうとはしなかったというのが正しい。ただひたすら、発電コストは安いのか、核燃料が確保できるのか、この二点のみを聞き取り調査した。原発開発中の二社は、安全面については一切話さなかった。一行は、カナダ、ドイツ、スイス、スウェーデン、イタリア、フランス、そして実際に原子炉を稼働させているイギリスを視察した。

　イギリスでは、日本からの視察団の一行が到着する十日前に、ヒントン卿が正力に売り込んでいたコールダーホールの原子力発電所が完成したところであった。アメリカに先がけてイギリスが原子力発電の売り込みにいかに熱心であったかが、分かるのである。佐野眞一の『巨怪伝』から引用する。

日本原子力産業会議の常任理事兼事務局長の橋本清之助は、自伝のなかで、「結局、米国型の軽水炉は濃縮ウランが必要であり、軍事利用につながる恐れがある、といった単純な論理から正力国務相自身が天然ウランで間に合う英国型炉の導入に傾いたのでした」と述べている。

コールダーホールの原子炉が実際に導入されるまでには、まだ若干の紆余曲折はあったが、読売紙上にのったこの〝決定〟報道で、わが国初の営業発電用原子炉の導入は事実上きまった。茨城県東海村の日本原子力発電所内に設置されたこの日本唯一の天然ウラン黒鉛減速炉は、平成六年現在、建設準備中のものを含めると五十四基、発電量にして二九パーセントを占め、アメリカ、フランスに次ぐ原発大国日本のスタートを切るものだ。

その東海村の用地を決定したのも正力だった。

原発が正力松太郎と中曽根康弘の原発マフィアのコンビで日本に導入されたことが、佐野の文章を読むとよく分かるのである。

正力松太郎は原発導入に熱情を示し続けたが、電力会社の姿勢は慎重だった。しかし、正力と中曽根がその慎重な電力会社を原発に向かわせたのである。

内橋克人の『日本エネルギー戦争の現場』を再び引用する。

東京電力の社内に初めて原子力発電専門部署が誕生したのは、昭和三十年十一月一日のことである。「原子力発電課」と命名されたその新しい部門のスタートは、ささやかなものに過ぎなかった。

その頃、信濃川水系発電所のなかでも最高地の切明《きりあけ》(長野県下高井郡)で出力二万キロワット(毎時)ほどの小規模な水力発電所の建設に携わっていた池亀亮(現在、福島第一原子力発電所長)は、ある日、発電所次長から「今度、きみは原子力だぜ」と告げられた。

この文章を読むと、東京電力の原子力発電所を造る計画が一九五五年から始まったことが分かる。また、原子力の知識がないであろう職員を寄せ集めての研究開始であったことも分かる。内橋克人は池亀を中心にした、東電内の「原子力発電課」について書いている。「主任の豊田、池亀、佐々木、そして一人の女性アシスタント……それが原子力発電課に顔をそろえた実働スタッフのすべてだったのである」と内橋は書いている。何の準備も東電がしていないときに、正力と中曽根の原発マフィア・コンビは原発推進の旗をふったのであった。彼ら東電職員はアメリカに行かされる。内橋の文章を再び引用する。彼らはアルゴンヌ・ナショナル・ラボラトリーズで研修する。

これに対してアルゴンヌでは同じ原子炉でもすでに一歩先の高速増殖炉などに取り組み、同時に「原子力と安全性」のテーマについても苛酷と思われる仮想事故を設定し、その条件の下に原子炉をさらしてみる、といった実験を重ねていたのだった。

「沸騰水炉に異常反応がおこり、格納容器の蓋が飛んでしまった」

「軽水炉に水の入っていない状態で急速な反応がおこった場合、どのような現象が発生するか」

理論と実験の双方からスパイラルに研究を深めていく大胆なやり方を知って、佐々木らは仰天した。

「こんな実験、やってみるにも場所がないよ、場所が……。日本には！」

アイダホの砂漠に代わる荒野など、この狭い日本にあるはずもない。

この内橋克人の文章の中に、今度の福島第一原発の悲劇が見事に予見されている。東電はどうして原発を造るようになっていくのかを別の面から検討してみよう。

一九七〇年代初めに、東京電力と関西電力が競うように原子力発電に力を入れはじめる。あの「ピース・フォー・アトムズ」という原子力の平和利用が叫ばれると、東海村の原子力発電所が動きだし、ようやく日本にも、アメリカ、イギリス、フランス並みに原子力発電の動きがでてきた。一九六〇年代は政府主導の時代であった。しかし、一九七〇年代に二人のワンマンが電力業界に登場した。東京電力の社長・木川田一隆と関西電力の社長の芦原義重《あしはらよししげ》であった。二人とも「天皇」と呼ばれるワンマン的な経営者であった。

木川田はGHQ占領下の一連のパージを生きのび、数多くの障害を乗り越え、ついに東電のトップに昇りつめた。前述したように、原子力に関する勉強を部下に命じた木川田は、原子力発電に関しても独特の社内機構を作り上げていった。芦原も同様に中央集権的な機構を関西電力の社内に作り、政策決定権をその手の内に入れた。この二人は、科学の進歩は企業の社会に対する大きな積極的な寄与であると信じていた。原子力発電は間違いなく進歩的であると信じて疑わなかった。この原子力発電の危険性が、アメリカでは激しく叫ばれていたことを私はたびたび書いた。しかし、二人の電力業界の「天皇」は、危険という言葉の意味すら理解していなかった。正力松太郎や中曽根康弘と同じように。

時代は激しく動いていた。日本の国民総生産（GNP）は、一九六〇年に西ドイツのそれを抜いていた。日本経済はアメリカに次ぐ世界第二位になっていた。電力需要は経済成長と歩調を合わせて急速に増大していた。一九五〇年代から一九六〇年代にかけて膨大な量の石油が、主として中東からヨーロッパ、アメリカおよび日本へと流れた。この頃、国際石油メジャーは石油を人為的に低いコストで生産し、石炭を発電用ボイラーから駆逐した。九州を中心とした日本での石炭産業が消えていった。そして、一九七〇年代、アメリカの原子力委員会（AEC）が支配していたウラン市場に変化が生じた。フランスは、国内および旧植民地のニジェールとガボンで独自のウラン鉱山を開発した。一九七二年、フランスの原子力委員会（ＣＥＡ）はアメリカ以外のウラン生産国の代表――フランス、カナダ、南アフリカ、オーストラリア、およびイギリスのリオ・ティンド・ジンク（ＲＴＺ）をパリに集めた。ＲＴＺはイギリスのロスチャイルドが支配する一民間企業である。この企業がウラン生産国家として、「五カ国クラブ」の一角を形成したのである。

イギリスが国家として参加せず、イギリスの代わりにＲＴＺが参加したのはなぜか。ＲＴＺはアメリカ、カナダ、南アフリカにウラン鉱山を持っていた。これが原爆に使われた。そして、一九六〇年代に入ると、オーストラリアで桁はずれの埋蔵量のウラン鉱山が発見された。ロスチャイルド傘下のＲＴＺは、五カ国クラブを作りあげ、ＡＥＣのウラン独占支配体制を破らざるをえなかった。「原子力の平和利用」をスローガンに、日本に攻撃を仕掛けてきた。ジェネラル・エレクトリック（ＧＥ）は、第二次世界大戦の前には、東芝（東京芝浦電気といった）の株式の四割を持っていた。ＧＥは東芝を動かした。東京電力の木川田は、東芝の強力な説得に敗れた。その東芝に中曽根康弘が政治資金を貰っていた。中曽根は木川田をすでに味方につけていた。アメリカの原発視察団に木川田を入れたのは正力と中曽根だった。パージされていた木川田を電力業界に入れたのは、通説では、「電力の鬼」といわれた松永安左《まつながやすざ》エ門《えもん》だとされているが、ＣＩＡの力であったのかもしれない。

正力、中曽根、木川田は、ＣＩＡのエージェントとして一本の線上にある。ロスチャイルドのＲＴＺは、ＡＥＣにウランを独占的に納入する一方、五カ国クラブを作り、ウランの自由販売に乗り出していく。石炭から石油へ、そして石油から原子力へと、エネルギーに対する流れができていくのは、自然の流れではない。そこには、石炭、石油、そしてウランを支配してきた巨大なエネルギー・カルテルが存在することを知らねばならない。木川田がＧＥの原子力発電所を採用するのは、そういった経緯があったのである。

ロスチャイルドの支配下にあった世界有数の兵器会社ヴィッカースとＧＥが結びつき、原爆開発が本格化する。ＧＥはＪＰモルガン系である。ＪＰモルガンの系列が戦前の日本の大企業に投資をしていた。東芝はほんの一例である。戦争とは、お互いの兄弟会社が利益を上げるように、敵対国として、また、敵対国のために戦うことである。

三菱財閥は戦争中、秘かにロックフェラーのスタンダード石油から石油を貰っていた。ロスチャイルドの指令によった。だから、ウランは三菱系の三菱商事が、ロスチャイルドのウランを買い入れて東電や関電に流すのは理屈に合っている。世界最大手の化学会社デュポンも戦前から日本に子会社を多数持っていた。だから、ウランを日本に売り込むのは容易だった。昭和天皇はこのことを知りぬいて戦争を仕掛けたのである。

多くの参謀が戦後、昭和天皇のもとを去っていったが、天皇が唯一身近に残したのは、瀬島龍三ただ一人だった。彼が正力や中曽根を操って原子力発電所の建設に力を入れさせた。天皇はアメリカの国策を無視することができなかったのである。ワンマン天皇といわれた木川田も、正力、中曽根のＣＩＡエージェントの餌食となったのである。テレビが原子力安全神話を流し続けたのは、瀬島龍三がテレビ界のドンであったことを知ると理解できる。

世界のエネルギー・マフィアは一九七〇年から一九七三年にかけて石油価格を二倍に引き上げた。一つの分野で強い力を行使する能力が、他の分野での弱さを克服するのである。ＡＥＣはウラン濃縮プラントの独占的な地位を利用して、カナダ、南アフリカのウラン生産国のウラン価格を低く抑えてきた。

ベルギー領コンゴのみならず、カナダでも豊富なウラン鉱脈が発見された。南アフリカでは金山の副産物として大量のウラン鉱石が生産された。アメリカ西部諸州でも大規模なウラン鉱山が発見された。さらにオーストラリアでも……。

これは何を意味するのか。大量のウラン鉱石の産出が、原発を必要としたのである。ＧＥは水素爆弾を造るためのプルトニウムを生産していた。プルトニウムを産み出すべく、沸騰水型原子炉（ＢＷＲ）プラントを製造した。木川田は日本最初の軽水炉を建設するため、技術者をＧＥに送り込んだ。東電が、ＧＥとの間に買い付けるはずの原子力プラントのためだった。

これに対し、関西電力はウェスティングハウス社の加圧水型炉（ＰＷＲ）を買うことにした。ウェスティングハウスはイタリアで、西ドイツで、さらにインドでと、国際入札に連続して敗れていた。ウエスティングハウスは芦原に対し、自社のＰＷＲ売り込みのためにきわめて有利な条件を出した。芦原は一九六六年に日本最初のＰＷＲを発注した。この発注を知ると、木川田はGEにBWRを発注した。木川田も芦原も、原発が危険なモノであるという点を全く考えていなかった。そこにあるのは「二人の原発天皇の威信」だけだった。

「週刊文春」(二〇一一年四月十四日号)に、当時の木川田一隆を知る興味深いエピソードが載っている。

木川田氏を知る東電関係者が語る。

「今から三十年前、米国で『ニュークリア・バローンズ』という本が出版されました。世界の原子力エネルギーの男爵という意味ですが、この中に『日本では、東京電力のキカワダが、何ら技術評価もなしにGE社から原子力動力炉を輸入した』というくだりがあります。まさに米国主導で原発が日本に持ち込まれ、日本の技術者たちにも限られた情報しか与えられませんでした。

例えば、原発では燃料棒を束ねて燃料の集合体を作るのですが、実は稼働中の原子炉内の一番内側の燃料消費の割合が違います。その計算などは、米国がずっとブラックボックスにして教えてくれなかったのです」

この記事が明らかにするように、当初から「二人の天皇の威信」のみが原発を日本に導入させたのである。もちろん、正力松太郎、中曽根康弘の圧力に敗れたからではあるが。

日本の原子力委員会は、この二つの電力会社の発注を知ると、長期計画を立てた。一九八五年までに六千～八千メガワットの発電能力を持つ原子力発電所を建設することにしていた。しかし、一九六七年に策定された新しい長期計画では、これを三万～四万メガワットに引き上げた。一九六七年は「原発元年」であったのかもしれない。原子力委員会と政府は、他の電力会社にも原発の建設を推進するように奨励した。

東電も関電も原発推進に自信満々であった。「天皇」どうしの威信争いであることなど、すっかり忘れられた。政府は原子力関連投資への特別償却や減税措置を含む大規模な助成策をとった。原子力の利点だけを、東電も関電も大々的に宣伝した。ＣＩＡが一千万ドルの資金を出した、あの正力松太郎の日本テレビがその先兵となった。瀬島龍三は他のテレビ局にも圧力をかけ続けた。「原発は危険だ」というニュースがテレビで流れることはなかった。

テレビと原発の関係を見てみよう。過去から現在に至る人々なので故人もいる。

ＮＨＫでは平岩外四《ひらいわがいし》（ＮＨＫ経営問題委員、東京電力会長）、緒方彰《おがたあきら》（ＮＨＫ解説委員長、日本原子力産業会議理事）、十返千鶴子《とがえりちづこ》（ＮＨＫ放送番組向上委員、原子力文化振興財団理事）。

日本テレビ（ＮＴＶ）は正力松太郎できまりだ。

ＴＢＳが問題である。毎日新聞設立発起人が、あの芦原義重（関西電力社長→会長）である。

フジテレビは、サンケイ新聞社長の稲葉秀三《いなばひでぞう》が原子力産業会議常任理事である。

テレビ朝日は朝日新聞社長の渡辺誠毅《わたなべせいき》が原子力産業会議理事である。また、論説主幹の岸田《きしだ》純之助《じゅんのすけ》は原子力委員会参与。

テレビ東京を支配する日本経済新聞会長の円城寺《えんじょうじ》次郎《じろう》は原子力産業会議の副会長である。

テレビ大阪と近畿放送の重役である小林庄一郎《こばやししょういちろう》は関西電力の会長である。

東海テレビの重役の田中精一《たなかせいいち》は中部電力の社長である。

私はこれらの人々の多くが中曽根康弘のブレーンであることをつきとめた。いや、ブレーンとは名ばかりで、中曽根の金脈でもあった。テレビと新聞が、原子力にからんでいる。原発の「安全神話」を作りあげる必要があったからである。「彼ら全員が原発マフィアである」と、私は言いたい。

私は中曽根と堤康次郎、田中角栄の線で、福島に原発が造られていく過程を描いた。また、東電がＧＥ製の原子炉を採用したのが必然の結果であることも、鹿島建設と東芝がその建設と設備に深く関与していく過程も書いた。日本の原発にはアメリカ、否、ロスチャイルドの意向が強く働いていることも書いた。もし、これが安全な発電所なら、何も文句を言うつもりはない。多少コストが高かろうとも、電気代が世界で一番高かろうとも。

ちょうどこの原稿を書いている日（四月十二日）、福島第一原発の事故は「レベル７」となったというニュースが流れた。あのチェルノブイリと並ぶ「深刻な事故」であるとの国際評価尺度が出た。

あの福島原発とはどんな原発なのか？　「週刊現代」（二〇一一年四月十六日号）が、福島第一原発を造ったGEの設計者デール・ブライデンバーグの独占インタビューを載せている。

残念ながらこの原子炉には、大きな弱点があった。そのことがわかったのは、74〜75年、マークIの後継にあたる原子炉「マークII」と「III」を開発する過程でのことだ。新機種のテスト中に、いままで私たちが考えていたより、原子炉格納容器にずっと大きな負荷がかかることがあると判明したのである。その結果、当時開発していた新型原子炉はそのレベルの圧力を想定して設計しなければならないという結論が導かれた。ただここで問題となったのは、これから造る原発のことだけではなかった。いやむしろ過去に造った原発、すでに稼働中のマークIの安全性こそが問われたのだ。マークIは、地震や津波などの大きな災害によって冷却機能を喪失すると、格納容器に想定されていた以上の負荷がかかり、破裂する可能性がある。

ブライデンバーグはこの事実を、NRC（米国原子力規制委員会）とGEに伝えた。研究会はできたがGEは彼の警告を無視した。アメリカのマークIは十六基、ドイツでは十基余りのマークIが稼働中。日本では福島第一原発で三基。アメリカは応急処置をしたという。しかし、日本は何もしなかった。ただ、安全神話のみを流した。

AECのシュトラウスが作為的に世に出した安全神話がそのまま日本語に翻訳されて、二十一世紀に入っても流されていた。私が書いたように、新聞社やテレビ局の要人たちは〝原発マフィア〟であった。だから必然的に「レベル7」の原発事故が起こったのである。

木川田一隆が副社長から社長に昇進したのは一九六一年。その前年には経済同友会の代表幹事に就任していた。一九七七年に死亡するが、その二カ月前まで経済審議会の会長であった。木川田は企業倫理をたえず語り続け、「財界の良心」とまでいわれた。その「良心」により、原発がこの日本列島に多数生まれてくるのである。福島県生まれの木川田は、郷土のために原発を造ることになる。原発の危険性を全く考慮せず、原発を造った木川田を、今でも財界人たちは「良心」と呼ぶのであろうか。

原発マフィア第三号・田中角栄の原発利権

田中角栄について書く場合、どうしてもロッキード事件が中心になる。しかし、この事件は最後に少しだけ書くことにしたい。

〝原発マフィア〟第一号・正力松太郎も第二号・中曽根康弘も東大法科の出身、そして内務官僚でもあった。しかし、田中角栄は新潟県の西山町《にしやままち》という寒村に生まれ、学校もまともに行っていない。独力で事業を立ち上げて代議士となって、ついには首相の地位に昇りつめた。

しかし、中曽根と田中には共通点がある。それは政治家になったときから、トップの首相を目指していたということである。中曽根はCIAなどのアメリカの組織の力添えを得て一歩一歩、首相への道を進んでいった。田中は刑務所の塀の上を歩きながら、あるときは内に落ち、そして塀をジャンプさえして生き続けてきた。田中角栄こそが敗戦後の日本に活力を与えた、日本が世界に誇るべき政治家かもしれない。しかし、また、別の面から見れば、その活力ゆえに巨悪をなした大悪人かもしれない。

私は田中角栄と原発マフィアとの繋がりについて調べようと思い、立花隆の『田中角栄新金脈研究』（一九八五年）を読んだ。ロッキード事件ではなく、田中角栄の土木工事や土地ころがし、株の操作、特に地元・新潟でのさまざまな裏工作が書かれているからである。しかし、立花隆は田中角栄と原発について、なぜかまるで書いていないのである。

「公団語でしかしゃべらない職員」という座談会の模様がでてくる。その中で、「E」なる人物が次のように語っている。Eとは何者かさえ文中には説明されていない。

「田中は、今年（昭和五十七年）にはいってから、出雲崎にも原発を持ってくると新潟でぶちあげた。あれも、地元の土建関係のそういう雰囲気がわかっているのかな」

これに対し、立花隆は次のように語っている。

「あの発言は信濃川の河川敷の砂利ともからんでくるね。新幹線も高速道も工事のピークは終わっているし、あのあたりで将来新たに大量の砂利が必要な工事といったら原発しかない。その場所が出雲崎ならどうしたって信濃川の河川敷の砂利を使うことになる。田中にとってこれほど都合のいい話はないよ」

そしてまた、「C」なる人物が立花隆の話の後を接いで次のように語る。

「出雲崎原発の話は、信濃川河川敷の砂利を売りつけたいという田中自身の願望のあらわれとも考えられる」

立花「田中にとって一番いい形は、仕事を業者に分配して献金をいただき、それで十分足りるという状態だからね……」

立花隆は、田中角栄の「金脈」を追及し続け、彼を首相の座から追放した一人であった。しかし、原発利権については一切追及しなかった。あまりにも不自然である。前に紹介した同じ年、一九八二年四月六日、金脈を追及され議員辞職するにいたった田中角栄は新潟に帰り、演説する。その模様を立花隆は次のように書いている。

その後のパーティー会場でも、報道陣はいっさいシャットアウト。出席者によると、田中は約七百人の土建業者を前に上機嫌でぶちまくった。新潟県下では新幹線の工事が終わり、高速道路の工事も終わりに近づき、土建業界は景気が悪くなっているが、景気浮揚策として、第三の原発（新潟県下では柏崎と巻《まき》に二つの原発がある）を誘致すべしなどと語ったという。

立花隆の『田中角栄新金脈研究』はこれでもかと、田中の金脈について書いている。しかし、原発という金脈こそ最大の金脈であるのに、人ごとのように書いて、一切追及しない。私はある筋から頼まれて、立花隆は「文藝春秋」誌にデータを与えられて田中角栄批判の一連の記事を書いたとみている。ある筋、がどのような筋なのかは確証がないから書かないが……。中曽根康弘を首相にした瀬島龍三に近い筋であろうと思っている、とだけ記しておく。

もう一冊、蜷川真夫の『田中角栄は死なず』（一九七六年）から引用する。

昭和二十三年一月十七日、東京の商工大臣官邸で、河川総合開発説明会が開かれた。日本発送電が只見川の開発計画を発表するというもので、関係の新潟県からも岡田正平知事らが出席していた。（中略）

岡田正平知事は発言を求めておもむろに立ち上がった。「日本に残された最も雄大な只見川の電源開発につきましては、新潟県に独自のユニークな案が用意されています。これから五十嵐真作土木部長に説明させます」

当時、新潟県全体で百万キロワットの発電力の時代に、二百万キロワットを起こそうという計画だった。新潟県出身の代議士に運動資金が渡された。その額は三万円であったという。蜷川真夫は書いている。当時の社会党・清沢俊英代議士の証言である。「田中君（角栄）がこの金を手のヒラでもてあそびながら、こういった。『男は度胸、女は愛嬌。一度や二度監獄にはいらなけりゃ男になれないよ』と、その金をポンとポケットにつっこんだのが印象に残った」

「電発（電源開発）工事は間もなく着工された。新潟県政界の記念碑、黒又《くろまた》分水トンネルはそれから数年後、三十五年八月に着工された」と蜷川真夫は書いている。しかし、「翌三十六年、突然黒又分水は中止することになったというのである」

なぜ中止なのか？　「裏になにかある――五十嵐だけでなく、関係者の多くが、田中角栄氏にやられたと直観した、といっている」

工事の一部を請け負っていたのは「田中金脈のファミリー企業として登場する福田組であった」という。蜷川真夫も「真相は分からない」と書いている。

私は、日本のエネルギー革命がこの電源開発計画を中止に追い込んだとみている。原発を日本に売り込もうとする連中が、日本の石炭産業を破壊し、水力発電所を潰していったとみている。多くの金が注ぎ込まれて工事がすでに始まっていたのに、突然中止させるとは、原発マフィアの魔手が日本のエネルギー業界にまで延びていたことを証すと考えている。田中角栄は彼らに利用されたとみる。そして、原発マフィアは田中角栄の強引な手法を利用しようとするのである。原発を造ることが決定すると、その地域に反対運動が起きて、なかなか決定しない。田中角栄は日本に原発を造らせる特別なエージェントとなっていったのである。立花隆は『田中角栄新金脈研究』の中で次のように書いている。

企業が飛躍的な発展をとげるためには、経営者は従業員のアイデアや努力が特別なものでなければむずかしい。しかし、長鉄工業は田中角栄が筆頭株主になったとたんに急成長する。そして金脈批判の焦点となった「信濃川河川敷」から砂利をすくい上げ、巨額の富が田中のフトコロに入ろうとしている。そこに小佐野賢治が登場する。

小佐野賢治と田中角栄は「刎頸《ふんけい》の友」といわれている。その友人のためなら頸《くび》を刎《は》ねられてもいいというほどの友人である。田中と小佐野は数々の不正行為を繰り返してきた。しかし、二人にはもう一人の刎頸の友がいた。稲川会二代目会長の石井進《いしいすすむ》である。石井は田中と小佐野の影のような存在で、何か事件があると二人のために登場した。

稲川会は関東では、住吉会とともに大ヤクザ組織である。彼は、正田美智子《しょうだみちこ》（今の皇后）が幼いときから正田家に出入りし、日清製粉社長の正田英三郎《ひでさぶろう》とは長い間の関係があった。石井進はロシア国債を野村證券から大量に購入していた。一九八九年、ロシア国債が暴落したとき、大損を出した。石井進のロシア国債購入の裏保証をしていたのが正田美智子の父、正田英三郎であった。それゆえ、正田家は住む家も抵当にとられ、失った。この関係の闇は深い。これ以上書かないが、田中角栄と小佐野賢治がともに、この深い闇に関与する。田中角栄が首相を退陣しなければならなかった真相は闇の中に隠されている。

稲川会二代目石井進は、田中角栄とともに金儲けに熱中した。私は福島原発の用地を堤康次郎が買い占めていたと書いた。その堤康次郎は一九六四年五月九日、東京駅で倒れ、急逝する。この一九六四年に注目したい。

原発用地をあらかじめ買収していた堤は、福島原発の計画を早い段階で知っていたことになる。彼は西武グループの創始者であると同時に国会議員であった。田中角栄が水力発電所の工事を突然に中止させたのが、一九六一年。翌一九六二年には、日本初の国産原子炉が臨界に達している。一九六三年十月に日本最初の原子力発電に成功、十月二十六日が「原子力の日」となった。堤と田中は、原子力発電所が福島に決定していたことを事前に知っていたのである。堤が急逝しなければ、田中とともに原発マフィアになっていったであろう。

堤の選挙区（滋賀県）を継いだのは山下元利《やましたがんり》。田中角栄の子分となった。この堤康次郎も稲川会二代目石井進とは「刎頸の友」であった。少し脇道にそれるが、あの小泉純一郎も石井進の世話をうけて大きく成長した。

「スリーマイル島での事故は、川の中州にあるスリーマイル島の中に原発があり、大事故となった。原発は大量の熱を出す。そのために、絶えず冷却しなければならない。大きな川がない日本では海水で冷却し続けるしかない。それで海岸に原発ができている。しかし、東京、大阪、愛知は海岸線があるけれども人口密集地帯であるとの理由で造られてない。この一点を見ても原発がいかに危険なものかがわかる。このことは法律の中に「原子力発電所を人口密集地の近くに建ててはならない」と、広瀬隆の『越山会へ恐怖のプレゼント』（一九八四年）に書かれている。

東京や名古屋、大阪は人口が多いから、万一のときは危険だから、福島にしろ、というわけである。海岸線をもたない県はどうであろうか。冷却水となるものがないから造られていない。栃木、埼玉、群馬、長野、山梨、岐阜、滋賀、奈良などだ。

この『越山会へ恐怖のプレゼント』に、海岸線を持つ三十六道府県についてが書かれている。もちろん、一九八四年当時のデータである。なお、越山会《えつざんかい》とは田中角栄の私的後援組織である。

危険度1＝原子力発電所がすでに運転されている地域、または完成し、あるいは建設工事に突入し、もはや引き返せない地域［10カ所］。

福島（福島第一、福島第二）、茨城（東海、常陽）、宮城（女川）、静岡（浜岡）、新潟（柏崎、巻）、福井（敦賀、ふげん、もんじゅ、美浜）、島根（田万田）、愛媛（伊方）、佐賀（玄海）、鹿児島（川内）

危険度2＝原子力発電所または廃棄物貯蔵庫の「巨大基地」が計画され、その実現性が高く、危険が目前に迫っている地域

北海道［泊、大成、幌延（廃棄物）、下川（廃棄物）］、青森［大間（新型炉）、東通（廃棄物）、奥尻（第2再処理工場）、六ヶ所（廃棄物、第二処理工場）、石川（能登、珠洲）

危険度3＝同じようなプランが公式に発表されながら現在は計画が頓挫している地域、プラス岡山県（濃縮ウラン製造工場所在地）（地域11カ所省略）

危険度4＝海岸線を持ち、原子力発電所などが建設される危険性を秘めながら、まだ公式プランが出されていない地域（地域12カ所省略）

私が、この「危険度1〜4」を引用したのには理由がある。

第1群10県　第1群26人
第2群3県　第2群6人
第3群11県　第3群17人
第4群13県　第4群13人

この上・下の数字だけみれば何が書かれているかは誰も分からない。しかし、下の人数が、「田中角栄が第一審で〝有罪〟の判決を受けた直後（1983年12月18日）におこなわれた衆議院選挙で立候補した『田中派議員』の数を示している」と広瀬隆は書いている。

私はこの広瀬の文章を読み、納得した。幾つかの例外があろうとも、海岸線をもつ県から衆議院に立候補した者たちは、〝原発マフィア予備軍〟であったということである。広瀬隆はこう書いている。「驚くべき完璧さ――これこそ田中角栄の計算能力の鋭さ――である」

魔術の種は、見破られた。

ある地域に田中派の議員が数多く誕生すればするほど、その地域は危険度が高くなっていくのである。あまりにも美しすぎる数学的な一本の曲線が、このジクソーパズルの裏に発見されるのである。

原子力発電所は田中派によって建設されてきたのである。

さて、私は立花隆の『田中角栄新金脈研究』について書いた。立花隆は柏崎市での田中角栄の土木工事をめぐる不正事件等について詳しく書いている。だがなぜか、「柏崎刈羽《かりわ》原子力発電所」に触れることはない。広瀬隆の本を読んでみよう。

新潟県柏崎市に建設されている「柏崎刈羽原子力一号」は世界最大クラスの原子炉である。この工事は、１９８４年12月に運転開始、総建設費３７５３億円の予定で６年前に着工されたが、運転開始が２年近く遅れ、すでに建設費は計画より２割以上も水増しされ、４５４３億円に達している。

土建業界では、工事費の３％を政治家に支払う、と言われている。これだけで１３６億円が政治家の懐に入っても、不思議ではない。（中略）１号炉、と力をこめて書くのは、この柏崎に予定されている原子炉が、合計７基にのぼるからである。その７基ごとに、同様に数千億円の金が動き、同様に百億円単位の金が政治家の自宅へ転がり込んでゆく。２基目と３基目は、すでに昨年（１９８３年10月26日）建設工事に突入してしまったが、それだけではない。

この柏崎からわずか50キロほど北上した新潟県内に、第二の基地、巻《まき》原子力発電所がいまにも建設されようとしている。巻は、１号炉から４号炉まで計画され、４基がつくられる。こちらの注文者は東北電力でやはり、どれもが世界最大クラスの原子炉である。そのたびに数千億円が動いている。

田中角栄が〝有罪〟判決の後、ポンと出した三億円の保釈金は、こういうカネだったのである。首相を辞めた後も、田中派の議員が増えていったのは原発の利権ゆえだったのである。柏崎刈羽原子力発電所は東京電力が発注した。柏崎刈羽原発が生んだ電力は東京で消費する。東京都民が電気を買い、その収入の中から、次の原子炉建設費をひねり出す。もし、ひねり出せなかったら電気料金を値上げすればいい。誰も文句を言えないのである。

田中角栄が原発利権を漁《あさ》っていたころの首相は中曽根康弘である。別の意味で、二人は「刎頸の友」である。田中角栄が首相になるときは中曽根が協力し、中曽根が首相になるときは田中が協力した。お互いに原発利権を漁って子分を増やしていったのである。田中派と中曽根派以外の政治家が原発利権を漁ろうとすると、稲川会二代目会長・石井進や小佐野賢治、児玉誉士夫から妨害されたのである。

田中角栄が、CIAの回し者（おそらくそうだ）、立花隆から金脈を追及され、首相の座を降りなければならなかったのは、たぶん、原発利権がからんでいると思われる。田中角栄は、ある筋から原発利権を追及するぞと脅されて、首相の座から降りた。しかし、首相の座を去った後も、田中派は拡大の一途をたどった。田中角栄は、田中派一番の切れ者、元警察官僚の後《ご》藤田正晴《とうだまさはる》を中曽根内閣の官房長官にすえた。中曽根内閣の真の支配者は、田中角栄であった。

ここで一つの疑問が残る。首相の座を去った田中角栄がなぜ、なおも原発利権を独占できたのであろうか、という疑問である。ＣＩＡは黙認したのであろうか。

これは私の推理だが、普通の政治家では原発を誘致するだけの力量がなかったのではなかろうか。また誘致するだけの力量があっても、稲川会二代目会長の石井進らに邪魔されたのではないか。田中派は他の派閥を徹底的に排除して、原発利権集団を形成したのであった。

田中派の渡部恒三は、一九八一年の年頭に「原発建設への国民運動」を提唱した。そして自民党の活動方針案を書いた。ここから、原子力発電所を建設する地元に交付金が支払われるようになった。彼はまた、一九八四年一月五日、千二百人にのぼる原子力関係者を前にして演説した。

「原子力発電所をつくればつくるほど国民は長生きする」

渡部恒三は当時、中曽根内閣の厚生大臣だった。彼は福島の出身で、福島原発の利権を喰って生きてきたから、こんな名言を吐いた。この銭喰い男については後述する。

一九七九年、田中角栄は柏崎市で演説した。

みなさん、いいですか。これから十年間、この新潟県はね、日本の経済成長率の二倍ぐらい急ピッチに進んでいくのですよ。国の工事は長岡が中心になってくるのであります。新幹線、高速道路、それに柏崎に電源開発（原発とは言わない）……あのねぇ、よ〜く聞いてくださいよ。新潟県にはこれから十四、五年間、大型工事が集中する。終戦直後の日本全国の電力に匹敵するものが、柏崎に十年間で作られるんですよ。

それでは柏崎は夢の国となったのか。

二〇〇七年七月十六日、新潟県中越沖地震の発生により、柏崎刈羽原発の全七基が損傷し、運転停止するという非常事態が発生した。原子炉建屋の電源変圧器からの火災も発生した。使用済み核燃料棒プールからの冷却水の漏洩もあった。大気中に放射性物質も漏洩した。さらに低レベル放射性廃棄物が入ったドラム缶約四百本が横倒しになった。二〇〇九年十二月になって、ようやく七号機が復旧した。これに続いて一号機、五号機、六号機が営業運転を再開したが、二~四号機は現在でも運転停止したままになっている。

田中角栄は柏崎刈羽原発だけでも一千億円近い金を得ていたに違いない。しかし、この件は誰も追及しなかった。田中角栄は一九八五年二月二十七日夕刻、自宅で倒れた。この後、口が利けなくなり、政界の表舞台から去っていった。派閥も解消された。たぶん数千億という原発利権のカネも同時に雲散霧消していった。

私は堤康次郎と田中角栄が、やはり「刎頸の友」であったと書いた。堤康次郎は闇資金の大半をスイスの銀行、クレディ・スイスに隠したのではないか。田中角栄もスイスの銀行に原発利権のカネを隠していると思っている。そのカネの管理は、原発マフィア・ミセス第三号の田中眞紀子がしているにちがいない。

さて、ロッキード事件で田中角栄が逮捕された。一九七六年八月十六日、受託収賄罪で起訴された。先に引用した蜷川真夫『田中角栄は死なず』の中で、新潟県魚沼地方にある越山会支部長の話を載せている。

「……田中先生は、ロッキードから金を受け取ったろう。しかし、その金で政治やったんだ。ドロドロッとした政治を。このドロドロがなかったら、官僚だけで日本を治めるなら、えらいことになるがだぜ。こんな深い雪の中、人もあまりおらん所へ新幹線が来るか。田中先生がいなけりゃ、新幹線は太平洋岸ばっかり走って、日本海岸なんてこんがだぜ」

たしかに、田中角栄は新潟という風土が生み出した、ドロドロとした政治家であった。彼がいたからこそ、中曽根康弘も原発利権を拡大することができた。中曽根は「キッシンジャーが、ロッキード事件で田中を逮捕したのは間違いだったと言った」と、『天地有情』の中で語っている。当時、キッシンジャーはフォード大統領のもとで国務長官を務めていた。田中角栄は起訴され、三億円を払って保釈されたが、子分のはずの竹下登に裏切られていく。キッシンジャーは田中派が消滅していく過程で、原子力発電所の建設数が減っていくのを嘆いて「失敗だった」と言ったのかもしれない。だからこそ、ロッキード事件はアメリカ側から仕掛けたのではなく、日本側から仕掛けたとみるのが正しい見方ではないだろうか。

私は昭和天皇が田中角栄を嫌っていたのがその原因ではないかと思う。しかし、ここでは書かずにおく。ただ、正田美智子が皇太子のもとへと嫁ぐとき、一部の右翼が元貴族の女たちとともに結婚に反対したのを、稲川会二代目会長の石井進が抑えたことがあった。それも一つの原因かもしれない。昭和史の謎は軽々しく書くべきではないことは百も承知している。

田中角栄の後に三木武夫が首相となった。三木がフォード大統領に田中角栄のスキャンダルを報告し、「彼を逮捕してくれ」と願い出たのではないだろうか。田中角栄は三木武夫を首相の座から引きずり降ろすことに執念を燃やす。私は昭和天皇が三木に田中角栄の政界からの追放を託したと思っている。

ロッキード事件の核心は闇の中に消えた。中曽根康弘も逮捕される可能性があったが助かった。田中角栄と中曽根に大きな差ができた。しかし、私の推測はここまでにしておきたい。

正力松太郎と並ぶ巨怪・田中角栄が去って、一度は消えかかった原発は、中曽根康弘が首相

原発利権にまみれた
田中角栄・眞紀子父娘

角栄の「刎頸の友」として
利権を分け合った小佐野賢治

汚れ仕事を一手に引き受けた
石井進・稲川会二代目会長

を続けるうちにまた燃え上がる。それは、世界の原発マフィアが「原発ルネッサンス」を主張し始めたからである。日本人の心を変えさせて、原発を大量に造らせようとする奸計《かんけい》が秘かにすすめられていた。それが、「地球温暖化問題」であった。「原発ルネッサンス」を書くべき時がきたようだ。

この項の最後に、山岡淳一郎の『田中角栄　封じられた資源戦略』（二〇〇九年）を紹介したい。山岡淳一郎は、田中角栄が、石油、ウラン資源を独自に獲得しようとしてアメリカと闘ったために、首相の地位を去らざるをえなくなったとの説を展開する。しかし、私はこの説を採らない。田中角栄はやはり、何者かにロッキード事件を仕掛けられて、この世を去ったと思っている。

田中角栄には知られざる、もう一人の「刎頸の友」がいた。一九九二年、佐川急便の事件に東京地検が政界ルートへの強制捜査に入った。この強制捜査で、累積での田中角栄への政治献金が百八億円であることが分かった。田中角栄と佐川清《さがわきよし》（佐川急便グループ総帥）は同じ新潟県出身だった。田中角栄の出世とともに佐川急便も大きく成長した。約一千億円を超える献金が政治家に流れた。佐川急便も原発利権を、田中角栄とともに共有したのではないだろうか。中曽根康弘にも四十二億円が渡っている。

田中角栄と中曽根はいつもコンビを組んでいた。静岡県の浜岡原発は、中曽根の原発利権が幅を利かした。あの鹿島建設が浜岡原発を建設した。中曽根の懐には少なくとも百億をはるかに超えるブラック・マネーが入ったにちがいない。また、中曽根は多くの原発関係者を私的な後援者としていた。

原発マフィア第二号と原発マフィア第三号によって、彼らのドロドロッとした政治によって、今、日本はドロドロとした様相を呈している。「天災は忘れたころにやってくる」とは明治・大正の物理学者、寺田寅彦の名言である。今度は、中曽根康弘が数百億円を稼いだであろう、静岡県の浜岡原発が危ない。近い将来、南海トラフで東日本大震災と同じ規模の地震が起きそうだからである。浜岡原発にもしものことがあれば、福島第一原発の数十倍以上の被害をもたらす。間違いなく、日本は壊滅する。

がんばれ日本！　とひたすら叫ぶだけでいいのだろうか。

［第6章］原子力ルネッサンスが世界を狂わす

すべては「環境問題」から始まった

私は「一九七二年に『五カ国クラブ』がフランスで形成された」と前章で述べた。その五カ国クラブとは、フランス、オーストラリア、カナダ、南アフリカ、そしてイギリスという国家ではなく、イギリスの鉱山会社リオ・ティント・ジンク（RTZ）であるとも前述した。

RTZは一九七六年初めにはアメリカを除く全世界のウラン埋蔵量の五分の一を支配していた。しかし、もう少し具体的に書くならば、ロスチャイルドはRTZを支配しているだけでなく、カナダ、南アフリカのウランも直接的だけでなく、間接的にも支配、すなわち、ウラン鉱山会社に資本投資をしている。

第二次世界大戦後、ヴィクター・ロスチャイルドが、ルイス・L・シュトラウスを原子力委員会（AEC）の委員長にすえて、アメリカの核政策を一手に握っていたころは、アメリカのウラン鉱山もいくつか支配し、世界のウラン鉱山の八〇パーセントを支配していた。そのウランの支配比率は一九六〇年代に入ると落ちていった。しかし、世界のウランの半分以上がなお、ロスチャイルドの手中にあった。一九七九年のスリーマイル島での原発事故は石油価格高騰を狙った石油マフィア＝原発マフィアの手の込んだ芝居だった。私はビルダーバーグ会議が唯一の世界統一政府を狙う巨大な会議であるとも前述した。その会議から、「地球の友」という組織が生まれたとも書いた。原子力エネルギーは、人類が制御しえず危険だとされた。そして、石油時代が、石油高騰の時代がやってきた。

一九七四年十一月、田中角栄首相はオーストラリアのキャンベラに行き、ゴフ・ホイットラム首相と会った。二人は何十億ドルにも相当する、ある事業に合意した。オーストラリアが日本の必要とするウラン鉱石を供給し、両国の共同プロジェクトでウラン濃縮技術を開発するという合意であった。これを知ったロスチャイルドは「地球の友」を動員し、反対運動を起こした。いわく、「ウランを用いた発電が、いかに環境を破壊するものであるかを知るがいい！」

オーストラリアの人々は田中角栄とホイットラム首相の合意を無効にした。ホイットラム政権はこの合意の数カ月後に失脚させられた。

田中角栄も失脚するけれども、その原因は全く別のところにあったと私は書いた。原発マフィアたちは石油高騰の時代を日豪に邪魔されたくなかったのである。一九七四年の時期は、オイル・ショックを演出すべく、原発マフィア＝石油マフィアが暗躍していたのである。アメリカはしかし、あり余るウランを日本に売りたかった。田中角栄こそは和製〝原発マフィア〟のドンであった。

フォード財団が『選択の時』を発表し、ロスチャイルドの支配下にあったタヴィストック研究所の出先機関「アスペン人道主義研究所」が一九七〇年代、人道主義の立場から「反原発」

のキャンペーンを大々的に行なった。そして、彼らが反原発映画「チャイナ・シンドローム」を作るのである。あの映画は、原発マフィア＝石油マフィア＝国際金融マフィアが秘かに映画会社に作らせたのである。主演女優ジェーン・フォンダが、彼らの一味であったことが後に分かった。これは芝居以上の芝居だった。そして、スリーマイル島の大事故である。これも見事な〝お芝居〟だった。スリーマイル島の大事故の後に、オイル・ショックが起きる。これは単なる偶然なのか。

J・F・ケネディ大統領の時代、ロスチャイルドのザ・オーダーの一員であり、安全保障問題担当特別補佐官であったマクジョージ・バンディが、フォード財団の理事長をしていた。彼はケネディ暗殺の主謀者の一人であった。当時、彼はアメリカ大統領をしのぐ大きな権力を持っていた。そのマクジョージ・バンディが「アスペン人道主義研究所」をつくり、反原発キャンペーンを世界中に広めた。しかし、日本は例外だった。

一九七二年、国連人間環境会議の主題は「反原発」だった。それがどうして今、「原発は環境にやさしい」と叫ばれるようになったのか。その答えはいたって簡単である。原油価格高騰ゆえに、サウジアラビアを中心とする中近東諸国が巨大な資本（ドル）を獲得したこと。もう一つの理由は、ソ連が原油高騰で強力な国家となったことである。

原発マフィアと石油マフィアたちは、その対策を検討し始めた。ソ連を弱体化させる方法が考え出された。森永晴彦の『原子炉を眠らせ、太陽を呼び覚ませ』（一九九七年）を引用する。

森永晴彦は原子物理学者、元東大教授。一九八六年のチェルノブイリ事故当時、ミュンヘン大学教授であった。

この事故（チェルノブイリ事故）が冷戦の終結のために努力したゴルバチョフに順風を与えたとはよく言われている。しかし、多かれ少なかれソ連の旧体制がその批判のため崩壊したにせよ、その中で育った悪習、この事故を生み出したそもそもの原因になった腐敗が是正されたとは思われない。国際政治についても同じことである。多くの視察団が送られ、世界中のマスコミが大騒ぎをしたのに、いったい世界はその後始末のため、つまり被災者を救ったり、本当の事故状況の把握にどれだけの努力を払ったのだろうか？

チェルノブイリ事故が八百長であったという説を言っているのではない。一つの原発事故が世界を大きく変えることがあると私は言いたくて、森永晴彦の本を紹介した。多くの（例外はない）東大教授たちが東京電力から金（研究費という名がつく）を貰い、原発推進派になっているなかで、森永晴彦は例外中の例外である。

チェルノブイリ大事故がソ連崩壊の前兆となったことは間違いない。これは、原発に関する従来の思想、すなわち、反原発の思想を大きく覆せば、世界が大きく狂い出すこととなる。原発マフィア＝石油マフィアたちは、ソ連と中近東の力を弱めるために、一つの大きな賭けにでることにした。反原発思想を改めて、「原発は環境にやさしい」という世界的なキャンペーンを広めることである。

読者よ、知るべし。世界のどこかで、平和とか、環境とかが叫ばれだしたら、世界に危機が近づいている時なのだ。

この「原発は環境にやさしい」には伏線があった。ウラン鉱山は最初コンゴで、次いで、カナダ、アメリカで発見された。そして世界各国で。しかし、ロスチャイルドが支配するリオ・ティント・ジンク（RTZ）はオーストラリアに世界のウランの全埋蔵量の四割があることを知った。そして日本の田中角栄を追放した。中国が直接ウラン鉱山の経営に乗り出したときも、これをオーストラリアの世論に訴えて撤退させた。この世界の埋蔵量の四割をいかにして最大限利用するか、すなわち世界中に売り込むかが、原発マフィア＝石油マフィアのなかで研究・検討された。一九七〇年代、彼らが実行した〝反原発〟キャンペーンの反対をやればいい、との結論に達した。かつて、〝原発マフィア〟第一号・正力松太郎が採用した〝毒をもって毒を制する〟を思い出してほしい。

ここで少し、別の方向から環境問題を考えてみよう。

チェルノブイリ事故から一年三カ月をすぎた一九八七年九月、第四回「世界野生環境保護会議」がアメリカ・コロンビア州デンバー市で開かれた。六十を超える国々から二千名の環境問題専門家や政治家が集まり、「デンバー文書」を発表した。

「我々は、環境管理に関する国際援助と被援助国の資源管理を統合するために〝新しい銀行〟を考案する必要がある」

反原発のチェンジを、「我々は」と名乗った連中が、原発キャンペーンへとチェンジした瞬間であった。原発マフィア＝石油マフィアが「我々」と名乗り、〝新しい銀行モデル〟を考案した。それが「世界環境銀行」である。

この銀行の提案者はエドモン・ド・ロスチャイルド（ヴィクター・ロスチャイルドは一九九〇年に死亡する。ヴィクターの後を継いだのはジェイコブ。エドモンは分家の一人）。彼が提案して世界環境銀行を設立したのである。この設立会議に、デーヴィッド・ロックフェラー、ジェームズ・ベイカー（米財務長官）らも出席していた。エドモンがこの会議を終始リードした。ロックフェラーもベイカーも端役だった。

ロスチャイルドが支配する
鉱山企業ＲＴＺロンドン本社

ホイットラム豪首相は
日本との資源戦略で失脚

八百長・反原発キャンペーンを
展開したマック・バンディ

世界環境銀行創設の
エドモン・ド・ロスチャイルド

ヴィクターの後継、
ジェイコブ・ロスチャイルド

デーヴィッド・ロックフェラーなど
金融マフィアの端役にすぎない

「デーヴィッド・ロックフェラーが世界皇帝だ」と喧伝する学者やインターネットマニアがいるが、私には彼らはロスチャイルドの回し者のように思えてならない。私は、ルイス・Ｌ・シュトラウスがロスチャイルドの代理としてロックフェラー一族の全財務を完全にチェックしている事実を第一章で書いた。ロックフェラー財閥は、ロスチャイルドがアメリカの政治・経済を支配しているのを隠すために、回し者を製造販売している、とても喰えないシロモノなのである。

デンバーの会議に集まった二千人を超える人々は、協議に六日間を費やした。エドモン・ド・ロスチャイルドは、この世界環境銀行を「第二のマーシャル・プラン」と言った。彼はまた、「この銀行の創設が、開発途上国を債務のどん底から救済すると同時に環境保護を実践できる」と宣言した。開発途上国はＩＭＦ（国際通貨基金）や国際銀行からドルを借りて近代化を進めていた。アメリカのロスチャイルドの召使いの一人、FRB（連邦準備制度理事会）のポール・ボルカー議長が公定歩合を二〇パーセント以上に引き上げたため、莫大な金利が債務に加算され、各国はデフォルト寸前だった。そこでエドモン・ド・ロスチャイルドが「借金をチャラにしてやるから土地を寄越せ」と開発途上国に迫った。この間の事情はアンドリュー・ヒッチコックの『ユダヤ・ロスチャイルド世界冷酷支配年表』（二〇〇八年）に書かれている。

エドモン・ド・ロスチャイルドは世界環境銀行を設立。その目的は、第三世界諸国から債務と引き換えに土地を譲り受けることだった。狙いは、ロスチャイルド家が、地球の陸地の三〇パーセントを占める第三世界の支配権を握ることにあった。

一九八七年が世界史の一つのターニング・ポイントとなった。新しい戦争を原発マフィア＝石油マフィアが仕掛けてきたからである。その戦争の名を「環境戦争」という。石炭と石油を使った発電所からは大量にCO_2が出てくるので、CO_2を退治すべく人類は未来のために立ち上がれという、CO_2に対する戦争である。この地球が誕生してきてから、初めて、しかも突然にCO_2が悪者にされた。CO_2とは二酸化炭素のことである。人間や動物は植物を食べて二酸化炭素を出す。これを植物が食べてくれる。もし、二酸化炭素が悪の元凶ならば、私たちが食べる植物すべてが悪となる。

ＩＰＣＣ（気候変動に関する政府間パネル）が一九八八年に設立された。世界環境会議から一年後、チェルノブイリ原発事故から二年後であることに注目してほしい。国際金融マフィアが、ついに原発を世界中に拡大させようと動きだすのである。エドモン・ド・ロスチャイルドは、世界環境銀行を設立し、ＩＭＦと世界銀行を駆使して世界中の金、銀、銅、石油、そしてウランを第三世界に求めていく。同時に、エドモンは、ＩＰＣＣなる組織を作り上げ、この組織を国連の中に組み入れることに成功する。ＩＰＣＣは何をしたのか。地球温暖化説を広めたのである。

「気温の上昇は、海面上昇、異常気象、生態系破壊などの引き金となる。地球温暖化が進むと、陸上にある氷河の一部が融け、海水の体積が熱膨張し、ついに海面が上昇する。すると、沿岸部の低地が水没し、臨海部の生態系が破壊される……」

ＩＰＣＣは、その地球温暖化の最大の原因を二酸化炭素の増加によるものと結論づけた。エドモン・ド・ロスチャイルドは、一九八八年にカナダ・トロントで開かれた七カ国間サミットの主要な議題に、この地球温暖化問題が取り入れられるように仕掛けた。狙いは適中した。これに続く科学者会議がやはりトロントで開かれた。このトロント会議が、「二〇〇五年までに、CO_2の排出量を一九八八年レベルよりも二〇パーセント削減されるべきである」との結論を下した。

ここに突然のように、CO_2が地球温暖化の原因となった。しかし、ＩＰＣＣのデータがすべて偽物であることが判明した。ＩＰＣＣに集った科学者のほとんどは、エドモン・ド・ロスチャイルドに買収されていた。元アメリカ副大統領のアルバート・ゴアの『不都合な真実』なる本が、実は偽物であることも分かった。ただただ、原発を大量に造ろうとせんがために仕組まれた芝居だったのである。

彼らの理論とやらを検討してみよう。なぜならば、この説を捨てたなら、原発を造る意味を失うからである。それでも、原発マフィアたちは地球温暖化説を捨てていない。

原発マフィアたちは妙な理論をでっち上げた。二酸化炭素が、石炭や石油を使う発電所から大量に出ることで地球は温暖化に向かっているという。私はこの温暖化問題についてはあまり書きたくない。槌田敦『CO_2温暖化説は間違っている』（二〇〇六年）と広瀬隆の『二酸化炭素温暖化説の崩壊』（二〇一〇年）を読むことをすすめる。よって以下、簡単に記すことにする。

（一）温暖化説は間違っている。今、地球は太陽黒点の減少により寒冷化している。

（二）二酸化炭素は人類を育てた大事な成分であり、害にならない。石炭や石油を燃やして出てくる窒素酸化物（NO_2）や硫黄酸化物（SO_2）は悪玉だが。今は技術が進み、出なくなっている。

私はCO_2悪玉説が反原発グループから出てきたことを書いた。この事実を知れば、原発のほうがはるかに悪いことも分かるのである。原発がいかに危険なものであるかも私は書いてきた。原発マフィアたちはどうして真実を隠してでも、原発を世界中に造ろうとしたのかを知る必要がある。

（一）ソ連→ロシアと中近東の石油で潤った国々の力を衰えさせ、「世界は一つ」の歌をこの地球上に流行させたいからである。今、中近東に「ジャスミン革命」が進行中なのはそのためである。ジョージ・ソロスが彼らに、すなわち革命派に金を出し、騒乱させ、フランス、イギリス、そしてアメリカが軍隊を派遣しているのは、世界統一政府をロスチャイルドとその一族が樹立するためである。そのために、石油メジャー＝石油マフィアが損をすることはない。中近東の王族や独裁者たちを追放し、彼らの石油を奪うスケジュールを立てている。彼ら石油マフィアと原発マフィアが国際金融寡頭勢力の一味であることを知ると、「原発ルネッサンス」の真の意味が分かってくる。

（二）私はオーストラリアがウラン埋蔵量の四割を持つと書いた。現実には、地球温暖化を流行らせた連中がそろってオーストラリアに集まった。なぜか。原発マフィアが、濃縮ウラン＝イエローケーキを金の生《な》る木に育て上げたからに他ならない。地球温暖化による人類の危機説が真実味を帯びてくると、アメリカの原発マフィアたちが、このイエローケーキに喰いついた。その味は、さぞかし美味だったにちがいない。アメリカの原発メーカーの大手ウェスティングハウスは一九八〇年代以降、原発をアメリカで製造できなくなり、東芝に吸収合併されていた。

ジェネラル・エレクトリック（ＧＥ）の時代がやってきた。ＧＥは原発が事業の一部門にすぎず、兵器産業、医療器械などの総合電機企業である。ＧＥが他の原発メーカーを潰すために、アメリカの原発建設を一時的に中断させた可能性がある。

ＧＥは中断していた原発事業を復活させた。そして、イエローケーキをＧＥ配下のウラン精製メーカーに納入させ、アメリカ各地で原発建設の準備に入った。こうしてまた、「原発安全神話」が復活してきた。

二〇〇〇年代に入ると、ロスチャイルド傘下のＲＴＺは世界各国とウラン契約を結びだした。しかも長期契約である。アメリカ、フランス、イギリスが、ＲＴＺ（表向きはあくまでオーストラリア政府とではあるが）と大量輸入契約を結んだ。それを見た日本もオーストラリアとウラン購入の契約を結んだ。今度は、オーストラリアと日本との契約に妨害は入らなかった。ＲＴＺが、日本へウランを輸出するための裏工作をしたからである。中国も原発燃料用ウランを大量に発注した（二〇〇六年四月）。追ってインドもオーストラリアと契約した。

ＲＴＺが他国のウランより安く、しかも、甘くて使いやすいイエローケーキを提供したから日本は飛びついたのだ。

二〇〇六年四月、中国がオーストラリアとウラン購入契約を結び、インドがこれに続いてオーストラリアと契約を結んだころから、ウラン価格が高騰を始めた。二〇〇三年ごろまでは一ポンド当たり十ドル前後であったが、二〇〇四年には十八ドル、二〇〇六年七月にはついに七十二ドルと、数年で七倍近くに跳ね上がったのだ。オーストラリアとRTZはこうして大儲けする時代を迎えた。

契約の内容は公表されていないが、アメリカは今日でも、オーストラリア産のウラン精鉱（イエローケーキ）の約二割を仕入れている。日本はオーストラリアと、一部であるがカナダから仕入れている。「ウラン燃料は安い」というのは偽りである。

速水二郎の『原子力発電は金食い虫』（二〇〇九年）から引用する。


関西電力の原子力発電は3発電所で11基あります。装荷《そうか》核燃料とは、現在11基に入れられている核燃料の値段で、平成18年度末で、９３７億２６００万円です。加工中等核燃料とは、カナダやオーストラリアで採掘したものをアメリカへ持っていき、核燃料に加工した上で、日本に持ち帰るまでの途中にある核燃料の値段で、なんと３９００億円にのぼっています。関西電力1社の11基だけでこれだけの巨費を投じて核燃料を買い付けているのです。（中略）この数字は関西電力11基に関するものなので、全国の55基に当てはめれば、大小様々あるとはいえ年間に消費される核燃料代は、おおよそ２５００億円程度になるでしょう。前述（省略）の通りウラン価格の急騰は避けられませんから、この額もいずれ2倍、3倍に膨れ上がると考えます。

たぶん、日本の九つの電力会社だけで、年額一兆円近いウラン燃料費を払っているにちがいない。日本に原発をたくさん造らせるように、国際金融マフィアが日本の原発マフィアを脅しているということである。

原発を増設すればするほど、電気料金はこうして上昇していくのである。日本の電力料金は今や、世界平均の約三倍である。これがさらに四倍、五倍となる日も、もうまもなくであろう。

さて、大量のウランの売買契約の成功に驚いたオーストラリア政府とRTZは、南部のアデレードから、北のダーウィン港をつなぐ鉄道を建設した。この鉄道を支配し、イエローケーキを運ぶ利権のすべてを、ブッシュ政権の副大統領ディック・チェイニーのハリバートン社が獲得した。ハリバートン社は、イラン戦争の兵器受注ではGEとデュポンと組み、また、傭兵を一手に送り込んで莫大な利益を上げた軍需企業である。ハリバートン社を実際に支配するのは、イスラエル最大のユダヤ財閥、アイゼンベルグである。簡単に書けば、オーストラリアのイエローケーキを各国に買わさせた背景にロスチャイルドがいたということになる。

ハリバートン社の鉄道はイエローケーキが大量に埋蔵されている中央オーストラリアの真ん中を走っている。これからオーストラリアは核廃棄物のゴミ捨て場となるかもしれない。オーストラリア政府とRTZは秘密契約を結んでいるのかもしれない。「原発廃棄物のプルトニウムを受け入れる」との。

オーストラリアではノーザン・テリトリーの四カ所で、巨大核廃棄物処理施設の建設が始まっている。っている。その施設はすべて、ハリバートンの線路の近くである。GEやデュポンと関係の深いアメリカの軍事企業、ケロッグ・ブラウン&ルート社が本社をテキサスからオーストラリアに移して操業の準備に入った。日本の電力会社もハリバートン社のルートに乗って、プルトニウムをオーストラリアに移す契約をケロッグ・ブラウン&ルート社と結んでいるにちがいない。電力会社の黒幕はもちろん、原発マフィアであるが、その原発マフィアの中に原発メーカーが存在することを忘れてはならない。東電の福島原発を造ったのは、鹿島建設と東芝のコンビだった。東芝は二〇〇六年、アメリカの大手原発メーカーのウェスティングハウスを傘下に入れた。日立製作所はGEとの連合体となった。もう一つ、フランスにあるアレバは三菱重工と連合した。今、世界にある原発三大勢力に、日本が最も深くかかわっている。

二〇一一年四月十五日付の「朝日新聞」に「原発『なお有力な選択肢』」なる記事が出た。その記事のなかの、東芝社長佐々木則夫のインタビューを紹介する。

今回の事故について、佐々木氏は「住民の方々に非常にご迷惑をおかけした。(原発を)安定化させることに最大限の努力をしている」と話し、当面、事故処理に注力する考えを強調した。ただし、経営の柱の一つに掲げる原発事業は揺るがないという。2015年までに国内外で39基の原発を受注し、関連売上高を1兆円に倍増する計画は厳しそうだが、佐々木社長は「実際の着工が少し（後ろに）シフトするということは考えられるが、39基で、やらないと断ってきたところはない」とした。事故の推移を見つつ5月中には新しい経営計画を出すという。

自信の裏付けは、原発に期待されてきた地球温暖化対策の役割。経済産業省の試算では今後約15年間で原発の新規市場は中国で63・5兆円、米国で15・5兆円にも上る。佐々木氏は「エネルギー安全保障と二酸化炭素問題を解決しなければいけない。原子力が有力な選択肢であることに変わりはない」と指摘した。

東芝が東電と経産省に出した福島原発1～4号機の廃炉案で10年半とした期間は、「技術的に最短のものを示した」。「最初に30年と言ってしまうと短くできない」とした。

間違いなく、原発は廃止どころか、これからも造り続けられる。私はここで決して届くことのない手紙を、届いても決して返事がこない手紙を、東芝の佐々木則夫社長宛てに出す。

あなたは、大昔からオーストラリアに住む原住民のアボリジニーを知っていますか。彼らはウラン鉱石が地表に近かったり、露出したりしているところを「病気の国」と呼んでいました。彼らは直感力を信じていました。アボリジニーたちは「母なる大地の胎内に眠らせておけ」と、ウラン鉱の近くを避けて生きてきました。しかし、オーストラリアの大地を自由に歩きまわり、ながいながい悠久の歴史を生きた彼らは、イギリスからきた白人たちに殺害されていきました。かろうじて生き残った彼らはウラン鉱の中で、その近くで生きています。ウラン鉱山からイエローケーキを取り出した後の尾鉱といわれる放射性物質が彼らを二十四時間、襲っています。私は彼らの中に日本の未来の悲劇を見ます。

あなたは地球温暖化を原発製造の理由としますが、完全なウソです。どうか、心を入れかえてください。あなたの会社が造った原発が事故を起こし、数万の人々が家を仕事を失っています。あなたは彼らのところへ行き、頭を下げるべきです。

あなたは人間とは、間違える動物であるということを知らないのですか。いかに上手に作ろうとも、人間は、間違いを犯す動物です。その上に、人間の力ではいかにしても抗しえない地震が日本を襲ってきます。

あなたのインタビュー記事を読み、日本はかくも病める国なのか、と私は思いました。かくも異質の人間がいるのか、とも思いました。今、日本全国で、〝がんばろう日本〟の声が盛り上がっています。彼らの声を聞いてください。もし、東海トラフに巨大地震が発生し、そのとき浜岡原発が稼働していたら、日本はどうなるのかを考えてください。

あなたにも子供さんと孫がいるでしょう。私にもいます。だから、私は自分の未来のためではなく、日本のこれからの子供たちのために、彼らの心情を代弁して、あなたに届くことのない、決して返事のこない手紙を差し上げるのです。

原子爆弾が毎日落とされている

私の子供のころはとても寒かった。私は九州の大分県別府市という町で育った。あの太平洋戦争のとき、隣接する大分市が空襲を受け、ほぼ全焼したのに、別府には爆弾は一個も落ちなかった。私は幼いころから「なぜだ」と思っていた。

その謎はすぐに解けた。別府市が米軍兵の慰安都市になったからだった。あの頃、私は小学校二年生であった。

この「なぜだ」という疑問符が私の生涯についてまわった。そして、今、温暖化が言われだすと、当時の自分を思い出した。石炭が北九州の炭坑で掘り出され、高度成長期を迎えるころもとても寒かった。CO_2があふれていたのに。そして、その寒い時がいつの間にか去った。そして今、また寒い時を迎えているのに、温暖化が叫ばれだした。

私が原発に疑問を持ったのは三十年以上前になる。たぶん、広瀬隆の本をたくさん読んだからにちがいない。そしていつも、「なぜだ」の声を心の中で聞いていた。チャルマーズ・ジョンソンの『アメリカ帝国の悲劇』（二〇〇四年）を読んだとき、この「なぜだ」の声が一層高まった。私は劣化ウランなる爆弾について深く考えることはなかった。しかし、この本を読み衝撃を受けて、「なぜだ」と叫んでいた。引用する。

劣化ウラン、別名ウラン238は、発電用原子炉の廃棄物である。この物質は戦車砲の砲弾や巡航ミサイルのような発射体に使われる。鉛の一・七倍も密度が高く、飛翔しながら燃焼し、装甲板をやすやすと貫通するが、衝突時に分解して蒸発するからである。そのせいで、予想もつかない形で破壊をもたらす可能性を秘めているのだ。アメリカ軍の戦車が発射する砲弾には、それぞれ三から一〇ポンドの劣化ウランがふくまれている。そうした弾頭は放射性降下物の多い「汚い爆弾」と本質的に同じであり、一つ一つはとくに放射性があるわけではないが、重大な疾病と先天的欠損症を大量に引き起こす可能性があるのではないかと疑われている。一九九一年、アメリカ軍はクウェートとイラクで九四万四〇〇〇発もの劣化ウラン弾を発射した。国防総省は戦場に最低でも三二〇メートルトンの劣化ウランを残してきたことを認めている。湾岸戦争の従軍者に関するある調査では、彼らの子供が目の欠損や血液感染、呼吸器の問題、くっついた指といった重い障害をかかえて生まれる可能性が高いと報告されている。

「障害をかかえて生まれる可能性が高い」というのは現実となった。NO《ノー》 DUヒロシマ・プロジェクト／ICBUW編の『ウラン兵器なき世界をめざして』（二〇〇八年）は、ウラン兵器、すなわち劣化弾について書かれた本である。

濃縮ウランの製造過程で生み出されたDUは、今までに、米国だけでも約七〇万トン以上、世界全体では一五〇万トン以上に上るといわれる。日本の原発だけで年間七〇〇〇トン以上のDUが生み出されている。ウラン238はアルファ線を出して崩壊する放射能(放射性物質)であり、この途方もない量の「核廃棄物」をどう処理したらよいか、世界で大きな問題となっている。その結果、アメリカでは一九五〇年代から、DUの処理・利用法の研究が本格的に始められ、発案された一つの用途が兵器への利用なのだ。

私は前章で、柏崎刈羽での原発事故が発生したとき、「低レベル放射性廃棄物が入ったドラム缶約四百本が横倒しになった」と書いた。間違いなく、これがDUの入っていた缶なのである。年間七〇〇〇トンほどのDU、すなわち劣化ウランが日本の原発から出てくる。毒性が非常に強く処置に困るからドラム缶に入れているだけにすぎない。

同書の中で、元イタリア陸軍大尉フイリッポ・モンタペルトが「劣化ウラン、それは、過去・現在・未来にわたって殺し続ける兵器」のタイトルのもと、次のように書いている。

DUは、人体にとって、「トロイの木馬」だと言えるかもしれません。なぜなら、体内に入りこんだDUは、やがてその作用によって、重い疾患や、逃れがたい死をさえ引き起しうるからです。劣化ウラン弾の使用に起因するこれらの極微小粒子は、破壊不可能であり、何よりも生体不適合なのです。肺から血液、胃、肝臓に移り、ついには精液の中に入ります。環境を汚染し、私たちの健康に取り返しのつかない影響を及ぼすのです。

DUを兵器としたために、イラク、アフガニスタン、ボスニア、コソボで住民たちに悪性リンパ腫、脳腫瘍、肝臓ガン、血液のガンが多発している。呼吸障害、関節痛、全身倦怠感に苦しむ住民も激増している。

劣化ウラン研究会著の『放射能兵器劣化ウラン』（二〇〇三年）の中に次のような記述がある。

ボスニアのハジッチ出身住民の一〇%が、空爆後五－六年の間に肺ガン、膀胱ガン、肝臓ガンで死んだという証言もある。

セルビア人共和国のカシンドゥー総合病院では、白血病、ガンなどの年間患者数が五倍になっている。

マケドニアでも、白血病患者数が激増している。スコピエ大学病院では、年間平均で三〇人程度だったのが、二〇〇一年の五月一カ月だけで三〇人となっている。

この劣化ウラン弾が、沖縄・嘉手納《かでな》の在日米軍基地に四十万発（湾岸戦争での全使用量の半分）が保管されていると、二〇〇六年八月二日付の「毎日新聞」が報じている。劣化ウラン被曝国が劣化ウラン弾を禁止しろといくら叫べども、アメリカ、フランスなどの国は無視し続けている。これが、彼ら〝原発マフィア〟たちが唱える「環境にやさしい原発」の正体である。

見方を変えて、アメリカが原発の建設を再開しようとしていることについて書くことにする。原発マフィアたちが何をどのように狙っているのかが見えてくる。

二〇一一年三月三十日、福島第一原発事故から二十日あまり経った日、バラク・オバマ米大統領は、エネルギー安全保障に関して、次のような演説をした。

「日本での原発事故を踏まえて原子力についてつけ加えたい。米国は既に電力需要の五分の一を原子力で賄っており、原子力は温暖化ガスを排出することなく電力供給を増やせる選択肢だ。ただし、安全性確保は不可欠で、既存の全原発施設を至急点検するよう原子力規制委員会（NRC）に指示した。日本の事故から学び、次世代原発の設計と建設に生かしていく。危険な放射性物質や技術を拡散させることなく、各国が原発を利用できるようにするための国際的な議論をリードしていく」

オバマ大統領の存在理由が、彼のこの演説の中に見事に浮き彫りになっている。オバマを育てたのは、あの悪名高き「フォード財団」である。そして、オバマの選挙資金の提供者の第一位は、ロスチャイルド系の世界一の投資信託会社フィディリティ、そして第二位がやはりロスチャイルドの子会社、ゴールドマン・サックスである（デーヴィッド・ロックフェラーが支配する投資銀行と世にいわれているのは完全なデマ）。そしてオバマはウォール街のヘッジファンドからも巨額の献金を受けていた。インターネットを通じての個人献金は確かにあったが、ごくごく少ない献金であった。世論操作は、ユダヤ系が支配するメディアを通じて行なわれた。あのノーベル平和賞受賞も完全なヤラセである。

オバマ自身も、原発マフィアとの関係を認めるような政策をとっている。GEは世界中で、二〇一〇年度に百四十二億ドルの利益を上げながら法人税をまったく払っていない。そのGEの最高経営責任者（CEO）、ジェフ・イメルトを、オバマは、二〇一一年一月に新設した「雇用と競争力に関する大統領評議会」の議長に指名した。

オバマはまた、イリノイ州シカゴに本社を置くエクセロン社（十七基の原子炉を保有・運営する米原発最大手）から、二〇〇八年の大統領選で、同社の社員からの個人名目で約二十万ドルを陣営に献金されている。原発最大手の一つ、エンタジー社もオバマに十三万ドルを貢いでいる。さらに、オバマ陣営の選挙資金調達担当のジョン・ロウは、ワシントンに本拠を置くロビー団体、「原子力エネルギー協会（NEI）」の代表を務めている。このような背景で、オバマは三十年ぶりに原子炉の新設を認めたのだ。

オバマ大統領は二〇一一年四月十四日、地元シカゴに入り、再選出馬表明後初めて、二〇一二年の大統領選挙への協力を支持者らに要請した。彼は「これは私の選挙運動ではない。皆さんの選挙運動だ。やがて私は選挙に集中する時期が来るが、それまでに助けが必要だ」と言った。そしてお得意の「イエス・ウィー・キャン」で演説を締めくくった。

ＡＢＣ、ＣＢＳ、ＮＢＣなどの巨大テレビ網は間違いなくオバマを大宣伝し、オバマ支持に世論を誘導するにちがいない。現在すでに、大量の資金がオバマ陣営に流れている。

「原子力は温暖化ガスを排出することなく電力供給を増やせる選択肢だ」

このキャッチフレーズが、原発マフィアたちの唯一の〝拠り所〟である。これ以外にオバマが政権を維持できる手段は何もない。


二〇一一年三月三十日、フランスのニコラ・サルコジ大統領（ユダヤ人）が来日し、菅直人首相を首相官邸に訪れて会談した。サルコジもオバマ大統領と同じく、「原子力は温暖化ガスを排出しない電力供給システムである」という政治信条を持つ。サルコジは次のように語った。

「原子力を選ぶかどうかではない。安全性を高めるためにどうしたらいいか考える議論の方が有効だ」

サルコジはオバマと同じで、選挙資金も全くなかった。それが大統領選挙の前に、突然ある筋から大金を与えられた。このスキャンダルは大統領選挙が終わった後に出た。しかし、彼は間違いなくフランスの大統領となった。今や、彼は原発建設運動の先陣を切っている。

フランスは消費電力の約八割を原子力でまかなっている。フランス電力公社（ＥＤＦ）はフランス最大の電力会社で、二〇〇四年に国有会社から民間企業へと移行した、世界最大の原子力発電事業者である。現在、十九カ所に五十八基の原発を所有する。それだけではない。この電力公社はドイツやイタリアなど近隣国に電力を輸出している。二〇一〇年の売上高は日本円に換算して七兆八千七百億円。サルコジ大統領がフランス電力公社のために、否、フランス国家のために来日し、菅首相に「原発を中止するな！」と脅したのである。

私は、日立がGEと組んでいると先に書いた。二〇一一年四月四日、GEのCEO、ジェフリー・イメルトが来日した。イメルトは海江田万里《かいえだばんり》経産相と会談し、「あらゆる支援をしたい」と原発事故への全面協力の意向を示した。また、三月の末にはフランスの原発メーカー最大手、アレバのトップも来日している。アレバは何を狙っているのか。アレバと提携関係にある三菱重工の幹部は「目的は廃炉ビジネスだ」と指摘している。

フランスは、否、フランスこそは、原子力で成り立っている国家である。アレバのCEOアンヌ・ロベルジョン女史は、GEのCEOイメルトと同様に、海江田経産相と会談した。フランス電力公社とアレバは、核燃料から原子炉製造まで一体となって推進してきた。アレバこそ、原子力の総合企業なのである。その株式の九割はフランス政府と政府関連機関がもっている。

フランスでもかつて、反原発デモが頻発した。フランス政府はこれらのデモを徹底して弾圧してきた。そしてフランス人はついに、原発に関して「沈黙の民族」となった。サルコジもアレバの女社長ロベルジョンも、原発事故に戦慄する日本政府に入れ知恵したことは間違いのない事実であろう。

私は、フランスを中心にできた「五カ国クラブ」のことを幾度も紹介した。この一九七二年二月にアメリカを除外してできた、フランス、カナダ、南アフリカ、オーストラリア、そしてイギリスではなくイギリスの一企業リオ・ティント・ジンク（RTZ）による「五カ国クラブ」が、原発の未来を見事に予言していたのである。ヘーゲルが考え出した哲学手法、「正・反・合」の応用を、ヴィクター・ロスチャイルドがやってのけたと私はみている。ヴィクターは若き日、ジョン・メイナード・ケインズから経済学を、そして哲学を学んだ。ケインズは共産主義者ヴィクターに、「社会主義者になれ」と言った。ヴィクターはケインズの経済学の中に世界を支配する哲学を発見した。そして実行していった。ここまで書くと賢明な読者なら理解できるであろう。

アメリカに反原発の嵐が吹き荒れ、ついに原発マフィア＝石油マフィアが協力しあい、あえて反原発を演出した時代、「イギリスではないイギリス」のRTZは、フランスという国家を巻き込み、ウラン資源国のカナダ、南アフリカ、オーストラリアのウランをフランスに提供することにした。フランスは原発を国有化した。そしてヨーロッパのエネルギーの支配者となった。三菱重工を組織の中に取り入れたアレバは、フランス国家が九〇パーセントの株を所有することを知る必要がある。

RTZはかくてフランスを巨大な原発国家に仕上げた。アメリカの反原発の嵐を抑えるのを、あえて演出したからである。そして彼らは日本も狙った。フランスと同様に、日本もこの時期に狙われたのである。

しかし、フランスは、農業のために補助金を出し続けている、自動車産業が唯一の製造業といってもいい国家である。若者の失業率は二〇パーセント以上である。サルコジとアレバのCEOが慌てて日本にやってきたのは、日本が原発事業から撤退しないことを願ってのことである。もし、原発を建設しなくなると、今すでに、アレバの株価が半分になっているのが東電と同じように暴落となる。フランス国家が破綻する瀬戸際なのだ。ドイツが原発から撤退した今、フランスの未来は限りなく暗くなった。オーストラリアのウランを買い付けできなくなったら、原発最大のマフィア、RTZから、国家としての存立さえ危うくされるだろう。

では、イギリスはどうであろうか。「五カ国クラブ」にどうしてイギリスは加わらなかったのか。世界の歴史はいつも、アングロサクソンを中心に動いているのを知る必要がある。第一次世界大戦を演出したのも、第二次世界大戦、朝鮮戦争、そして、ヴェトナム戦争も、アングロサクソンに巣食う国際金融マフィアの演出であることを知れば、日本とフランスが原発を造り続けた理由が分かる。これでフランスは、ヨーロッパを支配したエネルギー王国の地位から転げ落ちていく。

イギリスが世界最初に原子力を平和利用化した。すなわち、原発を最初に造った。一九五六年、商業用四基が運転を開始した。翌一九五七年、余ったプルトニウムを再処理しようとし、原子炉で大火災が起きた。このことは軍事機密とされた。大火災が発生したイギリス北西部、アイリッシュ海に面するセラフィールドは、この大火災により、小児白血病が十倍に増えた。イギリスは日本に原発を売り込むと同時に、東電などの各社の使用済み核燃料を受け入れている。しかし、一九六四年、核燃料再処理施設を運転開始して以来、大量の放射性物質を含む原液を海に放出し続けている。東電はそれでもイギリスに再処理を委託し続けてきた。ついに二〇〇五年、再処理施設でウラン・プルトニウムが配管から大量に流出する事故（「レベル3」）が起こった。日本の原発から出るプルトニウムを引き受けたフランスとイギリスから、大量のプルトニウムが日本に帰ってくる。原発最大手のRTZは、そのために、オーストラリアに巨大な核廃棄物処理施設を造っている。今、新・原発ルネッサンスの時代を迎えようとしている。イギリスの海は、福島の海の比ではない。汚れっぱなしだ。フランスの海も汚れっぱなしだ。

アメリカを見よ。あの汚れちまった大地を。アメリカ国内では、あの福島第一原発と同型の原子炉（マークⅠ）が二十三基も稼働している。この原発も運転開始から四十年近くが過ぎている。だが、米原子力規制委員会（NRC）は二〇一一年三月十日、さらに二十年間の操業延長を採択した。その翌日、福島第一原発の大事故が起きたのだ。

オーストラリアは最大のウラン輸出国である。しかし、原発を造ろうとしない。二〇一一年四月二十日に来日したジュリア・ギラード豪首相は日本記者クラブで会見し、オーストラリアのエネルギー政策について、「これまで通り、原子力発電は選択肢にない」と語った。しかし、この国の大地はウランのために荒廃しきっている。アメリカは、旧ソ連の解体核兵器からの高濃度ウラン抽出物を一九九五年から買い取ってきた。この核兵器解体契約が二〇一三年に終了する。それを見越して、オーストラリアとの大量のウラン購入契約をした。しかし、アメリカでは福島第一原発事故を受けて、予定されていた原発建設の中止が相次いでいる。だから購入したウランは、核兵器製造に使わざるをえない。

原発マフィアたちは新しい戦術を展開するにちがいない。アメリカ、イタリア、スイス、そしてドイツが原発から撤退しそうである。フランス、中国、そして日本は、原発から撤退できなくなっている。

どんなに悲惨な事故が起きようとも、国際金融マフィアが完全に支配する原発の新設は続けられる。日本はもし、静岡・浜岡原発で予期せぬ事故が起きたら、国家として成り立たなくなる。しかし、東芝も、GEと組んだ日立も、フランスのアレバと組んだ三菱重工も、次々と原発をいろんな所に、そう、いろんな所に、世界中に造りまくると意気まいている。もし、フランスのアレバが、福島第一原発の廃炉の利権を得れば、アレバと三菱重工に兆円単位の金が入ることになる。世界が原発で滅びようとも、世界を支配しようとする原発マフィアは、かえってそれを願っているのかもしれない。私たち日本人は大変な時代に生きている。そして何も知らされずに、ただひたすら、世界の善意なるものを信じている。

[第7章]

日本は「核の冬の時代」に入った

国家の犯罪――原発マフィアが日本を狂乱化した

「サンデー毎日」（二〇一一年四月三日号）に、前福島県知事・佐藤栄佐久《さとうえいさく》のインタビュー記事が掲載された。

東西冷戦下の1954年、当時の日本学術会議が結論を出す前に、国民や科学者らが関与せず、議論もないままで一部の政治家が主導して3億円の原子炉予算を組んだのが、不幸の始まりでした。（中略）今回の事故については、「天災」の一部だという声があるようです。しかし、知事としての経験から言えば数百年に一度の地震でも、数百年に一度は起きる。つまり地震と津波は確かに天災ですが、原発事故は決して天災ではありません。起きてはならないことが、起こるべくして起こったのです。「彼ら」が私たちに信じさせてきたのは、「いかなる事態（災害）が起きても事故は起こらない」ということだったのですから。

「サンデー毎日」に載っている佐藤栄佐久の履歴を記す。

日本青年会議所（ＪＣ）副会頭や自民党参議院議員を経て一九八八年九月、福島県知事に初当選し、五期十八年にわたって知事を務めた。同県発注工事をめぐる談合事件で実弟らが東京地検特捜部に逮捕された二〇〇六年九月に引責辞任。その後、自身も収賄罪で逮捕・起訴された。東京地裁で懲役三年・執行猶予五年、東京高裁でも懲役二年・執行猶予四年の有罪判決を受け、現在、上告の身だ（この逮捕・起訴については後述する。また、知事在任中のことについても後述する）。

佐藤の告白の中の「彼ら」とは、日本の原子力政策を推進する経産省、とりわけ資源エネルギー庁などの霞が関官僚を指す。

続けて佐藤栄佐久の〝告白〟を読んでみよう。

「人災」と言えば東電の責任論になりがちですが、これまでの原子力政策を実際にコントロールしてきたのは、国会議員ですらタッチできないような勢力、ネットワーク、あるいはシステムとでも呼ぶべきものでした。そのコントロールの下で電力業界が動かされている状況の中で、今回の事故が起きたのです。

私は、佐藤栄佐久が「国会議員ですらタッチできないような……」と呼ぶ勢力についてこれまで書いてきた。東京電力の一方的な責任論をマスコミは今となって書くけれども、「国会議員ですらタッチできないような……」勢力について、記したり、伝えたりは決してしない。続けて読んでみよう。読者は今までの報道とは異なる何かを知るはずである。

1986年4月に旧ソ連でチェルノブイリの原発事故が発生しました。言うまでもなくソビエトという独裁制の下での事故でした。あそこまで酷《ひど》くはないのかもしれませんが、原子力政策に関しては日本も独裁制にあると思います。

知事時代の04年12月、内閣府原子力委員会の原子力長期計画（現・原子力大綱）策定会議での意見陳述で、「(私を）会議に出席させてくれ」と要求したことがあります。テレビにも出演している著名な女性弁護士は、「あなたはマインドコントロールされている。ドイツは15年、フランスは20年かけて結論を出しているんだ」とも言いました。策定会議が原子力の長期計画を作り、それに基づいてエネルギー政策基本法が制定され、その下で基本計画が作られるという流れなのですが、実は法律には「原子力」の文字がありません。さらに言えば、策定会議のメンバーには国民の代表である国会議員が入っていない。つまり原子力は、国会議員ですら政策作りにタッチできないブラックボックスになっているのです。原子力の専門家も取り込まれています。実際に計画を作るのは経産省のお役人。いわば経産省が〝参謀本部〟で、その下にあるのが東電という構図です。これでは「国会で適当にごまかしておけばいい」ということになります。

私はこの佐藤栄佐久の〝告白〟を読み、やっぱりそうだったのか、と思った。原発マフィア第二号・中曽根康弘の長男、中曽根弘文《ひろふみ》が科学技術庁長官（一九九九年～二〇〇〇年）を務めた。そして総理府の機関である原子力委員会の委員長も兼任した。中曽根弘文の後を継いだのは大島理森《おおしまただもり》だった。大島は科学技術庁長官になると、中央省庁再編を機に二〇〇一年一月以降、原子力委員会を内閣府の審議会という位置付けにした。それまで科学技術庁長官が委員長を兼務していた原子力委員会の委員長に、学識経験者を置くことにした。委員長を含む計五人の委員は、国会の同意を得て首相が任命するようになった。また、佐藤栄佐久が指摘した「原子力政策大綱策定会議」の構成員（二十六名）も、学識経験者の中から首相が任命（任期一年）することとなった。

これは、国会議員を原子力委員会から追い出そうとした中曽根弘文（背後に中曽根康弘がいる）と大島理森の二人の科学技術庁長官の策謀なのではないか。

中曽根康弘と弘文父子は青森県六ヶ所村の核施設に原発利権を持っている。大島理森はその青森県選出の衆議院議員である。そして、大島の政策秘書による六ヶ所村の公共工事などでの疑惑が報道されたこともある。原子力委員会はこうして、原発事業の目付役から、経産省の支配が及ぶ、お飾り的な組織になり果てた。日本人の眼から「原子力」という言葉が遠ざかっていった。それは、原発製造メーカーの東芝、日立、三菱重工の三社が原発製造に本腰を入れ始めた時期と一致する。その背後に、「原発ルネッサンス」を掲げたGEとフランスの原子力政策が透けて見えてくる。

私は、原発マフィア第二号・中曽根康弘が、息子の中曽根弘文と青森県選出の大島理森を使って、国際金融マフィアである原発マフィアの意向を受け入れて策謀をなした結果だとみている。政治家と国民のいないところで、骨抜きにされた原子力委員会は存在感を失っていく。ごく一部の政治家が経産省の高級官僚と結びつき、原発メーカーと電力会社を動かしていく。

「週刊朝日」（二〇一一年四月八日号）の一部を引用する。佐藤栄佐久の〝告発〟が出ている。タイトルは「国民を欺いた国の責任をただせ」。佐藤栄佐久が知事に就任した翌年（一九八九年）に福島第二原発で事故が起きる。彼の〝告発〟を聞こう。


この年の1月6日、福島第二原発の3号機で原子炉の再循環ポンプ内に部品が脱落するという事故が起きていたことが発覚しました。しかし、東電は前年暮れから、異常発生を知らせる警報が鳴っていたにもかかわらず運転を続けていたうえに、その事実を隠していました。県や地元市町村に情報が入ったのはいちばん最後だったのです。

いち早く情報が必要なのは地元のはずなのに、なぜこのようなことがまかり通るのか。私は副知事を通じ、経産省（当時は通商産業省）に猛抗議をしましたが、まったく反応しませんでした。

日本の原子力政策は、大多数の国会議員には触れることのできない内閣の専権事項となっています。担当大臣すら実質的には役所にコントロールされている。つまり、経産省や内閣府の原子力委員会など〝原子力村の人々〟が政策の方向性を事実上すべて決め、政治家だけではなく原発を抱える地方自治体には何の権限も与えられていないのです。

佐藤栄佐久の考えに、私はいささか異論がある。前述したように、日本では、東芝、日立、三菱重工の力が強く働いていると私は思う。彼らは日本に原発をどんどん造るよう、国際原発マフィアから、たえず脅されていると思う。日本の首相も経産省もこの力の言いなりなのだ。オーストラリア政府から（現実にはＲＴＺから）大量のウラン購入を続けなければ、約束違反に問われる。日本の三つの原発メーカーと、九つの電力会社は一蓮托生の運命にある。

二〇〇二年八月二十九日、佐藤栄佐久が「8・29」と呼ぶ事件が起きた。この事件がもとで佐藤は逮捕される。その経緯は後述する。

二〇〇二年八月二十九日、原子力安全・保安院から福島県庁に、「福島第一原発と第二原発で、原子炉の故障やひび割れを隠すため、東電が点検記録を長年にわたってごまかしていた」という恐るべき内容が書かれた内部告発のファクスが届いた。佐藤栄佐久は次のように当時を語る。

私はすぐに、部下に調査を命じました。だが、後になって、保安院がこの告発を2年も前に受けていながら何の調査もしなかったうえに、告発の内容を当事者である東電に横流ししていたことがわかったのです。

私の怒りは頂点に達しました。これでは警察と泥棒とが一緒にいるようなものではないか。それまで、東電と国は「同じ穴のムジナ」だと思っていましたが、本当の「ムジナ」は電力会社の奥に隠れて、決して表に出てこない経産省であり、国だったのです。

この事件で、東電は当時の社長以下、幹部5人が責任をとって辞任し、03年4月には、東電が持つすべての原子炉（福島県内10基、新潟県内7基）で運転停止を余儀なくされました。

しかし、保安院、経産省ともに何の処分も受けず、責任をとることもありませんでした。それどころか、福島第一原発の所在地である双葉郡に経産省の課長がやってきて、「原発は絶対安全です」というパンフレットを全戸に配り、原発の安全性を訴えたのです。なんという厚顔さでしょうか。


佐藤栄佐久の〝告発〟はなおも続く。しかしここで中断し、佐藤栄佐久が逮捕された経緯を書くことにする。

佐藤栄佐久は二〇〇九年六月の高裁判決後に著書『知事抹殺』を出している。この本と諸々のデータを中心に、逮捕がなされた経過を簡単に記すことにする。

二〇〇六年七月八日、佐藤栄佐久福島県知事の実弟・祐二が営む縫製会社「郡山三東スーツ」本社を、土地取引の不正の疑いで東京地検特捜部が家宅捜索した。九月二十五日、知事の実弟・祐二が競争入札妨害の疑いで逮捕された。こうして福島県発注工事の談合事件へと進んだ。九月二十七日、佐藤知事は実弟や元県土木部長が逮捕された道義的責任を取って任期途中での辞職を表明した。

十月二十三日、東京地検はダム工事発注をめぐる贈収賄の容疑で佐藤栄佐久を逮捕した。二〇〇六年十一月十三日、初公判。二〇〇八年八月八日、東京地裁刑事第五部は佐藤を収賄罪で懲役三年（執行猶予五年）との有罪判決を下した。二〇〇九年十月十四日、東京高裁は控訴審で佐藤に懲役二年、執行猶予四年の有罪判決を下した。

私は簡単に書いた。いかにも佐藤栄佐久が悪いことをしたような印象を受ける。しかし、彼は何者かにより、正直に書くなら、原発マフィアたちにより〝罪人〟とされた。その理由は、原発事業の邪魔をしたからである。実弟がゼネコンに土地を売った価格が、市価との差価が一億七千万円というのが、実弟と佐藤栄佐久の唯一の逮捕理由だった。しかし、ゼネコンの水谷建設は実弟から買った価格より高い値で他社に転売していたことが判明したのである。また、この売買で佐藤知事は一銭もゼネコンと実弟から金銭を受け取っていないことも明らかとなった。ここで、地裁と高裁が犯罪の理由としたのが「無形の収賄」という思想であった。要するに、可能性が否定できない以上、犯罪が成立するということである。

インターネット上の「れんだいこ」(二〇〇九年十月十九日)の一文を私は読んだ。ここに引用する。私はこの「れんだいこ」と心を一にする。

佐藤元知事の舞台裏を詮索しておこう。佐藤元知事は、「原発銀座」とまで呼ばれ、10基もの原発を有する福島県で原発を止めた。このことが、日本の原発政策責任者の怒りを呼び、報復逮捕となった可能性が強い。日本の原子力行政は、ナベツネの親玉にして戦前は治安警察のドンとして、戦後は国際金融資本のエージェントとして今日に知られている正力松太郎と児玉、中曽根のスリータッグにより始まった。戦後の再軍備も、この連中により後押しされた。逆にいえば、日本の防衛政策と原子力政策こそが国際金融資本の意を呈したキモであり、ここにこそ真の利権が介在していることになる。これにメスを入れようとした者は次から次へと葬られる。佐藤元知事もその犠牲者の一人として遇するべきではなかろうか。かく見立てれば、この事件は小さくない意味をもっていることになる。

佐藤栄佐久が逮捕されたとき、当時の民主党幹事長・鳩山由紀夫は「本日、佐藤栄佐久前福島県知事が収賄容疑で逮捕された。容疑通り、佐藤前知事が公共工事の発注をめぐり不正な利益を得ていたとすれば、県政のトップとしてあるまじき行為であり、その責任は極めて重大である……」とのコメントを出した。

今、民主党政権で国家戦略担当大臣、そして原子力行政にも影響を与える科学技術政策担当大臣を兼務している玄葉光一郎《げんばこういちろう》は、佐藤栄佐久の娘・美樹子を妻としている。いわば、義父である佐藤栄佐久の力添えで国会議員になった男である。この玄葉光一郎は一貫して原発推進派である。彼は義父について何も語らない。だがその人相たるや、日々、これ見るに忍びがたきものとなった。人たることは、よき事をなすにあり。

「エコノミスト」(二〇一一年四月五日号)を見よう。

「ポスト原発」のエネルギー政策の可能性は――との質問に、佐藤栄佐久は次のように答えている。

太陽光や風力など自然エネルギーを生かした発電にしても日本は高い技術を持っている。だが、新エネルギー政策を進めようとすれば必ず産業界から反発が出るだろう。既存のシステムを変えるには余分なコストがかかるためだ。エネルギーに限らず、国の体質をあらため、本当の意味での「国民中心の民主主義」で物事を決めていくシステムをつくらなければならない。

もう一度、「週刊朝日」(二〇一一年四月八日号)に戻ろう。佐藤栄佐久はかく語ったのである。

「（東京地検）特捜部は、自らのつくった事件の構図をメディアにリークすることで、私を犯罪者であるという印象を世の中に与え続けました。今回の事故も重要な情報を隠蔽、管理することで国民を欺いてきたと言えるでしょう。今こそ国の責任をただすべきです」

ああ、なんと哀しいことか。国の責任をただすべき術《すべ》がないとは……。

佐藤栄佐久の後に福島県知事となったのは佐藤雄平《ゆうへい》である。佐藤雄平の母は渡部恒三の姉である。佐藤雄平は、渡部恒三の秘書を長らく勤めた後、参議院議員となり、佐藤栄佐久前知事の後を継いで知事となった。選挙では民主党と社会民主党の推薦を受け、自由民主党が擁立した弁護士、森雅子候補を破った。

二〇一〇年、東京電力が福島第一原子力発電所三号機で計画していたプルサーマル導入について、福島県はその受け入れを決定した。この決定により、「核燃料リサイクル交付金」の総計六十億円が福島県に交付された。二期目の知事選では、民主・社民に加え、自民・公明も佐藤雄平を応援、日本共産党公認の佐藤克朗を大差で破った。

佐藤雄平の原発推進政策に、ほとんどの福島県民が賛成した。「プルサーマル万歳！　六十億円万歳！」

そして悲劇がやってきた。悲劇というものは天災と同じで、忘れた頃にやってくる。

甥っ子を知事にした渡部恒三について書くことにする。「フライデー」（二〇一一年四月十五日号）では、インタビューを受けた渡部恒三が妙なことを喋っている。かつて、「原発をつくれば国民は長生きできる」（この発言は前述した）について記者が質問したときの答えである。

記憶にねぇしなぁ。それが事実であるならば、どんだけ頭を下げても償えないなぁ。安全神話が崩れた今となれば、過去に原発を推進したこと、これは素直にお詫びするしかねぇ。（中略）'73（昭和48）年のオイルショック以降、原発は国策だった。湾岸戦争が起きて原油の供給が不安定になった際、国民生活に影響が出なかったのは原発あってこそ。自民党時代の私は原発を建設した地域の住民が孫の代まで「造ってよかった」と思える地域振興に尽くしてきた。電源立地地域対策交付金で、今では珍しくないけど、田舎にスポーツクラブや文化記念館ができて、そりゃあ喜ばれたよ。（中略）

福島原発の今後についてか。福島原発がこのまま国民の皆さんに迷惑をかけるのであれば、コンクリートと土で埋めちゃえと思っている。今、肩書がないも同然だから、余生は被災者と農家をお救いすることに力を注ぐよ。日本では「東北の食べ物が危ない」と思われているように、世界からは「日本の食べ物が危ない」と思われる瀬戸際なんだ。

私は渡部恒三に、原発マフィア・スモール第一号の称号を贈ろうと思う。第一号、第二号、第三号の足元にも及ばないが、生涯を原発の利権に喰らいついてきたからである。

「フライデー」は次のように書いている。

「渡部氏の机の上には、『石棺プラン「シナリオ1」』と表紙に書かれた国土交通省の手による書類があった。チェルノブイリのようにコンクリートで福島原発の施設全体を覆うという計画である」

コンクリートで覆おうとも、シーツで覆おうとも、原子炉は少なくとも三十年以上は水をかけて冷やさなければならない。

私は渡部恒三のこれまでの行状を記録したファイルを数多く作ってある。その他の民主党の幹部連中のファイルもだ。しかし、これら原発マフィア・スモールの群れについて書くことはやめる。一言でいうなら、彼らは原発利権にようやくありついた途端に、3・11に遭遇したということである。江田五月《えださつき》法務相も、海江田万里経産相も原発利権に食らいついている、とだけ書く。民主党議員の一人として〝反原発〟の哲人ありや！　玄葉光一郎よ、お前もか、私たちを裏切ったのは！

さて、この項の最後に、佐藤栄佐久の逮捕のきっかけとなった「水谷建設」のことを書くことにする。まず、「週刊文春」(二〇一一年三月三十一日号)から引用する。ノンフィクションライター森功の記事「原発停止処分　政商にすがった東電首脳の実名」である。

登場するのは、小沢一郎の「政治とカネ」問題で耳目を集めたあの平成の政商、水谷建設元会長の水谷功だ。
福島における水谷絡みの事件といえば、東京地検特捜部が摘発した本人の脱税と元知事の汚職を思いつく。実は、この事件捜査で疑惑が浮上したのが、ほかでもない東電なのである。ことの発端は、水谷建設を所管する名古屋国税局による脱税容疑の捜査だ。二〇〇〇年から〇五年にかけ東電は福島第二原発の冷却作業で発生する残土処理を水谷建設に依頼。その過程で、不透明な資金操作が明るみに出る。

以下、簡単に記すことにする。水谷建設は残土処理という名目で東電から六十億円という金を貰った。所得隠しが行なわれたとして二〇〇六年七月、東京地検特捜部は水谷功らを逮捕した。脱税額は三十八億一千万円。佐藤栄佐久との関係が出てくる。佐藤が原発を停止させたなかでの水谷建設と東電の関係が出てくる。東電は水谷に、佐藤知事追い出しの工作を依頼した。その謝礼を含んでの六十億円だったというわけである。森功は次のように書いている。

二〇〇二年の検査データ改竄《かいざん》は、東電経営陣の命取りになるような大問題だ。会長の荒木浩や社長の南直哉が退陣に追い込まれた上、さらに東電首脳の前に立ちはだかったのが、原発再稼働に反対する知事の佐藤だった。そしてここで、平成の政商の出番となる。
「佐藤知事の懐柔に乗り出したのが水谷会長だったのです。そうして知事の実弟に近づい

た。意外にも、これが収賄という別の事件に発展するのです」(前出・水谷建設関係者)

これで、佐藤栄佐久逮捕劇の謎はほぼ解けた。東電と水谷建設の会長・水谷功が仕組んだ芝居だったのである。実は、工事を実際に受注したのは前田建設工業であった。その下請けが水谷建設で、その水谷建設がさらに十数社に孫請けさせた。そのうちの一社が、白川司郎がオーナーを務めていた会社だった。白川司郎は原発の利権で大金を手にした。

白川司郎は三塚博の秘書、そして亀井静香の友人でもある。〝原発フィクサー〟の異名を持つこの男は「日本安全保障警備」なる会社をつくり、青森県六ヶ所村の核燃料サイクル施設の警備を請け負うことで大金を得た。青森県にある東通《ひがしどおり》原発の付帯工事も相次いで落札した。西松建設も白川司郎の会社と同様に東通原発の工事を落札した。東通原発における白川と西松建設の連続落札が続くなか、東京地検は白川の不正蓄財を追及した。亀井静香は白川の実兄とは東大同期で、この線で白川は政界工作に入る。亀井静香が白川を、安部晋太郎、三塚博に近づけた。白川は三塚博の議員秘書の名刺を持ち回ったとされている。

二〇〇三年七月十八日付の「読売新聞」に、「東京電力福島第二原発の残土処理をめぐり、受注した水谷建設が、亀井静香代議士が関与しているともいわれる『日安建設』と、『行政問題研究所(行研)』に、それぞれ約2億4000万円、1億2000万円の実体のないリベートを支払っていたことがわかった」という記事が出た。

東電は、佐藤栄佐久を逮捕させるべく水谷建設の会長水谷功に裏工作を依頼したばっかりに、ついにヤクザ組織までもがタカリに入る。亀井静香と白川司郎は東電のみならず、青森の原発施設でも原発利権にありつく。水谷建設、西松建設がこの二人に協力する。「原発請負人」となった白川司郎は、時価八億円の家と、四十億円と噂される豪邸を持つという。私は田中角栄の蓄財を追ってきた。その点からみると、白川司郎なる原発マフィアは、やはり、渡部恒三とともに、原発マフィア・スモールの類であろう。こんな原発マフィア・スモールが、数知れず、日本中を動き回っているにちがいない。日本中の原発は常時、大小さまざまの事故を起こしている。これをタネに原発マフィア・スモールとヤクザが原発に乗り込み、「バラすぞ」と脅しをかける。そして億単位の金をかっさらっていく。これからはさらに、彼らが蠢《うごめ》く時代がやってきそうである。

渡部恒三がいみじくも語った「安全神話が崩れた今となっては」、何が起こるかわからない。第二、第三の白川司郎が青森県六ヶ所村に殺到しているという噂もある。暴力団住吉会のフロント企業が活動を開始したとの話さえある。

〝原発マフィア〟第二号・中曽根康弘よ。天皇から大勲位の称号を授けられた元首相よ。あなたも渡部恒三のように、〝ざんげ〟の告白をしたらどうでしょうか。「ざんげの値打ちもない」と言っていると、天罰が下らないとも限らないよ。

世の中、そうそう甘くないんだよ。

これから、日本は「核の冬」の時代に入る。異色の原発マフィア・スモールが数多く登場してくる。電力会社は、後悔してもしきれなくなる。

「フライデー」(二〇一一年四月十五日号)から引用する。

「福島第一原子力発電所の事故の後、二井関成《にいせきなり》・山口県知事と柏原重海《しげみ》・上関《かみせき》町町長は上関原発の工事を当面見合わせるよう要請。中国電力は埋め立て工事を一時中断すると発表した。当然、すべての工事がストップするのかと思いきや、発破作業が続いている。『追加地質調査』という名目の〝工事〟が行われているんです」

こう憤るのは建設に反対している「長島の自然を守る会」の高島美登里代表だ。

こんな日本に誰がしたんだ。美しい瀬戸の海をどうして汚すんだ。渡部恒三よ、福島の避難民に会いに行った後、長島に行ってください。そして「申し訳なかった」と詫びてほしい。

佐藤栄佐久とて、かつては原発を推進してきた県知事であった。日本の四十七都道府県の知事で、原発反対をはっきりと掲げている者は一人もいない。これが日本の現実である。

イエローケーキの甘い香り

二〇一一年四月十八日の「毎日新聞」に「元首相・中曽根康弘さん」のインタビュー記事が出た。その中で原発マフィア第二号は、原発について語っている。

――国民は、原発の事故の見通しがなかなか立たないことにも不安を持っています。日本の原子力政策は改めるべきですか。

中曽根　福島第1原発では、地震や津波のような非常災害に対応する構えや準備が必ずしも十分ではなかった。地震、津波、原子力という「三重被害」はある意味で最大の被害だが、想定外だという考えは浅い。今回の三重災害の経験を無にせず、いつも非常事態だ、という発想で、新しい構えを作らないといけない。

――日本は原発の建設をすすめていくべきですか。

中曽根　不幸なことだったが、原発の推進（姿勢）が揺らいではならない。エネルギー事情や科学技術の進歩を考えると、この苦難を突破し、先見として活用すれば、日本の原発政策はより強固なものとして発展すると思う。そうしていかなければならない。今回は地震より津波の被害が主だ。津波の対策ができていなかった。

私は渡部恒三の「告白」について記した。中曽根康弘はまったく反省をしていない。彼が反原発の立場を鮮明にすれば、日本の政策を原発から反原発へと大きく転換できるかもしれない。しかし、このインタビューにあるように、その可能性は全くない。彼は死ぬまでCIAのエージェントとして、その任務を全《まっと》うする気でいる。想像しえぬほどの原発利権で得たあぶく銭を、彼の子孫に残して。

中曽根の血族関係についてはすでに書いた。彼は鹿島守之助《かじまもりのすけ》一族とも結ばれている。鹿島建設グループの一員なのである。中曽根が海軍の一兵卒から首相の地位に昇りつめる過程で鹿島建設は、福島第一、福島第二、浜岡原発のみならず、伊方一号・三号、柏崎刈羽一号・二号・五号、島根一号・二号、東海一号・二号、大飯一号・二号、泊一号・二号などの建設をした。その中曽根が先の「毎日新聞」に続いて「朝日新聞」(二〇一一年四月二十六日付)に登場し、記者の質問に答えている。

――原発は炉を冷やすために大量の水が必要です。それで海辺につくってきた経緯があります。

「湖の水を使うなら内陸もあり得る。ただ、事故があれば、湖に放射能がたまる心配がある。川の近辺も危険があるし、下流が心配する。やはり海辺だ。要は津波対策をどうするか。海の近くにあって、津波がこない丘の上につくればいい」

中曽根と鹿島建設の一族は、湖のほとりや川辺にも原発を造ろうと計画していたことが分かるのである。だが、原発の放射能が湖や川を汚染することが判明したので中止せざるをえなかった、と彼は告白しているのである。だから海ならば、汚染を隠せると、彼は言っているのである。

「新規の原発設置は難しくなったのではないですか」との質問を受けて、中曽根は「難しくなったが努力はしなければならない」と答えている。その生涯をCIAのエージェントとして生きた男は、間違いなくCIAから、その言動を厳重にチェックされている。

CIAはアメリカの諜報機関ではあるが、アメリカという国家をも支配している。ニクソン大統領をウォーターゲート事件を仕掛けて追放したのはCIAである。そのCIAは国際金融マフィア＝原発マフィアとも深く結びついている。中曽根は生きているかぎり、和製原発マフィア第二号であり続けなければならない。海辺が駄目なら、内陸部に原発ができるかもしれない。新しい原発が、あっという間に造られる可能性がある。

私はどうしても赦《ゆる》しえない政治家がいるので記すことにする。巨大地震発生三日後の三月十四日、石原慎太郎東京都知事は次のように語った。

「日本人のアイデンティティーは我欲だ。この津波をうまく利用して我欲を一回洗い落とす必要がある。これはやっぱり天罰だと思う。アメリカのアイデンティティーは自由、フランスは自由と博愛と平等、日本にはそんなものはない。我欲だよ、我欲。金銭欲だ。我欲に縛られて政治もポピュリズムでやっている。それを（津波で）一気に押し流す必要がある。積年たまった日本のあかをね」

この津波の寸前に知事選出馬を表明し、また四月十日の選挙で当選した。中曽根康弘と同じく、世にも珍しい我欲の持ち主が石原慎太郎である。この人は間違いなく日本人ではない。そして何よりも、アイデンティティーとかポピュリズムとかの、わけのわからないカタカナ言葉を使うほどに、頭のかたく、にぶい男とみた。こんな低レベルな男はそうそうお目にかかれない。「アメリカのアイデンティティーは自由」とはどういう意味なのか理解できない。説明してみせろ、と言いたい。とくにひどいのは「フランスは自由と博愛と平等だよ」である。フランス革命の合い言葉をもってくるとは、この男、ひょっとしてフリーメイソンの一味なのではないかとさえ勘ぐりたくなる。

この男、正気なのか？　三月二十五日には原発事故で大きな被害が出た福島県を訪問し、報道陣を前にして次のようにぶった。

「水力、火力では限界もある。原発を欠いて日本経済は成り立たない。私は、依然として原発推進論者だ」

この男、水力、火力発電で日本の電気の八〇パーセントをまかなっていることすら知らないらしい。原発を一基造るごとに、水力、火力発電所を捨てていることを知らないらしい。

この男は二〇〇〇年四月（最初の知事就任の年）、日本原子力産業年次大会に出席し、原発マフィア・スモールたちの前で次のように演説した。

「完璧な管理が行なわれれば、東京湾に原子力発電所を造ってもいい。それだけの管理能力があると思うし、技術もある」

これがあまりにも有名な「東京に原発を」となった。しかし、この男の発言の十九年前に広瀬隆が『東京に原発を！』を出版している。広瀬隆のその本は「福島や新潟など地方に造られた原発が東京の電力を作り出している。だから、東京に原発を造ればいい」という主旨になっている。

東京都民は覚悟を決めてかかるがいい。この男は「原子力安全神話」という、とてもプアーなアイデンティティーを持つ我欲のポピュリストであって、原発や津波や地震の対策を全くしないことを都民のみなさんは知るがいい。静岡県の浜岡原発の危険性が高まっているが、この男、そんなことなど気にかけず、また、オリンピック誘致で大金を遣うにちがいない。私はこの男を、〝原発マフィア〟スモール二号とすることに決定した。

さて、私は自民党、民主党の国会議員の中で反原発を鮮明にしている人物を捜した。残念ながら民主党の中に、今のところ発見できていない。たぶん、彼らも原発利権の甘い汁を吸い続けていた。イエローケーキを喰って微笑んできた。政権を奪取する前から、渡部恒三が東京電力の役員たちを民主党の幹部に紹介していた（「十人十色の会」）。このウィルスがまたたく間に民主党に感染した。それはそうだ。在日からの危ない政治献金よりも、安全だというわけであった。本当に安全だったのか、よく手を胸にあてて、考えてみなさい。

私は自民党の中に一人だけ、反原発を鮮明にしてはいないが、原発の秘密を追求している男を発見した。その男の名は河野太郎である。私は彼の「河野太郎が日本を変える」というインターネットのサイトを読み、彼が民主党や東京電力の秘密主義に挑んでいるのを知った。そういえば、彼の祖父の河野一郎は〝原発マフィア〟第一号の原発政策に反発した唯一の政治家だった。

池田勇人首相が退任する際、「本当は河野一郎を首相にしたいが、ある事情があって首相にできない。仕方なく、佐藤栄作を首相にする」と語った言葉を私は思い出した。彼は、そんな祖父と、同じく首相になれなかった父の河野洋平の血を引いている。河野一郎も河野洋平も、間違いなくアメリカから首相への道を阻止されたのである。

二〇一一年二月九日の「河野太郎が日本を変える」に、上関原発の記事が出ている。私が前述した山口県に建設中の原発である。「エネ庁・民主党・上関原発」というタイトルがつけられている。「サンディエゴで、平成23年1月28日の民主党原子力政策・立地政策ＰＴ（プロジェクト・チーム）の上関原発に関する議論の議事録の写しを入手した。これを見ると、エネ庁って、ホント大丈夫か」の前書きがある。ここでは「エネルギー庁長官」と民主党の「N」と「KI」なる人物の会話の一部を記すことにする。

N　反対しているのは町外か、地元か、反対の理由は。

エネ庁長官　祝島のほとんどは反対。上関町トータルでは賛成多数。現地のプレゼンスは反対が目立つ。理由は原発自体反対や環境面から反対といったところ。

KI　協定を結んでいるのに補償金を受け取らないなど、経緯がわからない。

エネ庁長官　建設予定地は祝島から4キロメートル離れており、漁業ができなくなる。海産物が取れなくなるというような理由。他の原発では温排水に魚が集まり、そこに漁に来るということもあるし、環境影響評価を見てもそんな心配はない。しかし、反対派は聞く耳を持たない。

私はこの記事を原稿用紙に写しつつ、「民主党よ、お前たちもか」と思った。瀬戸内海がついに汚ない海になるのかと思った。前に引用した「フライデー」の記事の続きを引用する。

建設予定地の田ノ浦は瀬戸内海国立公園内にあり、昨年、名古屋で開かれた生物多様性条約に関する締約国会議「COP10《コップ》」では「生物多様性のホット・スポット」、「世界遺産に匹敵する奇跡の海」として注目を集めた。国の天然記念物で絶滅危惧種の海鳥・カンムリウミスズメの棲息が確認されており、希少な海藻「スギモク」の群落も広がっている海洋生物のサンクチュアリ（＝聖域）なのだが――。

中国電力は発電量を増加させなくても、十分に中国地方に電力を不足なく提供できる。この原発が稼働を始めれば、その分の火力発電による発電量を落とす。ではコストに見合うのかというと、全く合わない。少なくとも原発一基で五千億円から七千億円の投資が必要となる。今まで、電力会社は社債を発行し、その投資金額の大半を調達してきた。そして他にも国家が便宜を図ってきた。国家は住民にさまざまな名目の補償金をバラまいてきた。そして、投資に見合うだけ電気料金の全国一率の値上げをしてきた。

水力と火力で十分なはずなのに、なぜ原発が必要なのか。電力会社が一基原発を造ると、そこに原発利権が発生する。中曽根康弘も田中角栄も渡部恒三も……この原発利権を喰って生きてきた。それはほんの一部である。

建設会社が工事を受注すると、子会社、孫会社の数百にのぼる会社が利益を得る。そして原発本体を納入するメーカーにも、子会社、孫会社が数百、否、数千ある。彼らも原発メーカーにすがって生きている。今や、日本は新幹線がほぼでき上がり、高速道路網もほぼ完成した。

大きな利益を生み出す最大で、唯一残ったのが原発ということになる。

そして原発を造らざるをえない最大の原因は、私が書いてきた、外国からの圧力である。その圧力を跳ね返すだけの力が日本にあるのか、という大問題を、私たちは考えていかなければならない。自民党政権を継いだ民主党政権は、残念ながら、全くその圧力を跳ね返す力を持たない。ただ政権を奪って、連夜のように高級料亭通いをしていた菅直人を中心にした大臣たちは、アメリカの政策に反論の一つもできない。

アメリカのオバマも反原発政策を完全に封印されたのである。二〇一一年から間違いなく、一九七九年のスリーマイル島事故以来止めていた原発の建設が再開される。あのオーストラリアの濃縮ウラン＝イエローケーキの生産量の二〇パーセントをアメリカという国家が使う契約をしてから世界は大きく変化した。日本政府は公表していないが、大量の注文をしているにちがいない。

今、日本には五十四基の原発が稼働中である。建設中が六基、計画（公表されたもの）が二基である。しかし、東芝は二〇一五年までに三十九基の原発を受注している。ほとんどが国内である。一部、東南アジアと中近東での契約がある。しかし大半が日本の電力会社と結んだものである。日立は二〇一〇年に原発事業計画を発表した。二〇一〇年度の千八百億円の原子力事業の売上高を、二〇二〇年度には三千八百億円にまで伸ばし、二〇三〇年までに三十八基以上の新規受注を目指すと表明している。東芝と日立の二社だけで八十基近い原発を製造するという。海外はごく少ないはずである。アメリカ、フランス、そして中国と韓国が、東南アジア、中近東、南アメリカ、アフリカでの原発受注工作をしているからである。民主党の〝仙石外交〟とやらで、ヴェトナムでの原発受注に成功したが、ヴェトナムは今回の福島原発事故で日本への発注を保留している。

二〇一〇年六月、民主党政権は「エネルギー基本計画」を改訂した。その計画によると、二〇三〇年には電力供給の五割を原発でまかなうという。そのために、十四基の原発を新設・増設するという。

日本の電力会社各社は間違いなく、東芝と日立に今ある原発の数ぐらいの注文書を出している。そして秘密裡に土地を買収しているに違いない。福島に原発ができることを知った西武の堤康次郎が秘かに土地を買い占めたように、ヤクザな連中が、海岸線沿いの土地を買い漁っているに違いない。あの瀬戸内海の上関が狙われたように。

国家も原発賛成、原発メーカーも電力会社も大賛成、しかも反原発で裁判に打って出ても、最高裁判所も原発大賛成である。勝訴は絶対にないのである。

そして、福島第一原発の事故を大々的に報道する新聞社も、原発反対の運動を報じることがない。私は地元の大分合同新聞、朝日新聞、毎日新聞、そして日本経済新聞の四紙に眼を通し、スクラップブックに重要記事を張りつけている。3・11事件の後、週刊誌をほぼ全誌購入し、ファイルを増やしている。週刊誌には反原発の記事がたくさん出るようになった。しかし、新聞は反原発の動きを、海外は別として、いまだに無視している。

そんな中で「毎日新聞」（四月十八日付）に「浜岡原発を止めよ」が出た。編集委員、山田孝男の論説である。引用する。


中部電力の浜岡原子力発電所を止めてもらいたい。安全基準の前提が崩れた以上、予見される危機を着実に制御する日本であるために。急ぎ足ながら三陸と福島を回り、帰京後、政府関係者に取材を試みて、筆者はそう考えるに至った。

福島に入った私の目を浜岡へ向かわせたのは佐藤栄佐久・前福島県知事だった。郡山に佐藤を訪ねて「首都圏の繁栄の犠牲になったと思うか」と聞いたとき、前知事はそれには答えず、こう反問した。

「それよりネ、私どもが心配しているのは浜岡ですから。東海地方も、東京も、まだ地震が来てないでしょ？」


私は、佐藤栄佐久と同じ危機感を持つ。浜岡原発がいかれたら日本壊滅であると前述した。もうすぐ、東京と東海地方に大地震が来る。過去の歴史を学べば、そのことが分かる。読み続けてみよう（一部省略）。

浜岡原発は静岡御前崎市にある。その危うさは反原発派の間では常識に属する。運転中の三基のうち二つは福島と同じ沸騰水型で海岸低地に立つ。それより何より、東海地震の予想震源域の真上にある。

「原発震災」なる言葉を生み出し、かねて警鐘を鳴らしてきた地震学者の石橋克彦神戸大名誉教授は、月刊誌の最新号で、浜岡震災の帰結についてこう予測している。

「最悪の場合、（中略）放射能雲が首都圏に流れ、一千万人以上が避難しなければならない。日本は首都を喪失する」「在日米軍の横田・横須賀・厚木・座間などの基地も機能を失い、国際的に大きな軍事的不均衡が生じる……」（「世界」と「中央公論」の各五月号）

私は日本の首都喪失だけでなく、日本という国そのものが喪失する可能性があると思っている。大地震が来て、浜岡原発がメルトダウンするとき、国家の機能がすべて失われて、工業国日本が消えて、放射能に永遠に汚染された広大な国土だけが残る。関東一円の数千万人が、住む場所と仕事を失う。もはや彼らは原発難民となり、日本国中を差別されながら流浪する民となる。続けて読んでみよう。

福島のあおりで中部電力は浜岡原発の新炉増設の着工延期を発表したが、稼働中の原子炉は止まらない。代替供給源確保のコストを案じる中電の視野に休止はない。ならば国が、企業の損得や経済の一時的混乱を度外視し、現実の脅威となった浜岡原発を止めてコントロールしなければならないはずだが、政府主導の原発安全点検は表層的でおざなりである。

私は、山田孝男が「ならば国が」と書いているのを見て、この国の大手新聞に久しぶりに正論を見たと思ったのである。国家は国民を救う義務がある。国民の危機を目の前にして、「企業の損得や経済の一時的混乱を度外視し、現実の脅威」から国民を救い出さねばならない。だとすれば、浜岡原発を強制力を用いて止めなければならない。そのために代替となる火力発電所を大至急設置し、電力の代替としなければならない。これは、そう困難なことではない。しかし、残念ながら、日本の政治家たちには、こうした場面を迎えても決断力がない。続けて読んでみよう。

向こう1000年、3・11ほどの大地震や津波がこないとは言えないだろう。列島周辺の地殻変動はますます活発化しているように見える。そういうなかでGDP（国内総生産）至上主義のエネルギー多消費型経済社会を維持できるかと言えば、まず不可能だろう。いま、首相官邸にはあまたの知識人が参集し、「文明が問われている」というようなことが議論されている。ずいぶんのんきな話だと思う。

危機は去っていない。福島の制御は当然として、もはやだれが見ても危険な浜岡原発を止めなければならない。原発社会全体をコントロールするという国家意思を明確にすることが先ではないか。

私はこの論説を読んで感激した。山田孝男の論調の中に、確かな日本の未来を見たような気がした。しかし、残念ながら私は間違っていたようである。「向こう1000年、3・11ほどの大地震や津波がこないとは言えないだろう」と山田孝男は書いているが、「マグニチュード8クラスの地震」は、間違いなくこの数年ないし十年以内にはやってくる可能性が大である。しかし、自民党政権も、民主党政権も、未来に関する政策を持つことはない。国家戦略とは何かを考えるとき、「未来に起こる不測の事態」にいかに対応するかが、現実の最大の問題とならなければならない。起こってからでは遅すぎるのである。今、私たち日本人にとって、「浜岡原発を止める」こと以上に緊急の問題は存在しない。

それでも、山田孝男の「浜岡原発を止めよ」を読んで、一縷の希望を持った私は、若者への期待をこめて文章を書き続けた。しかし、その原稿用紙はすべて破り捨ててしまった。

それは間違いなく、山田孝男への反論として書かれたにちがいない文章を発見したからである。川勝平太《かわかつへいた》が、同じ毎日新聞（四月二十四日付）に寄稿した「再生への視点　脱原発へ向け緩やかに」を読んだからである。

川勝平太は静岡県知事である。その彼が、「沿岸に立地する原発は廃炉にすべきだと考えるが、それをソフトランディングする道を探りたい」と書いていたからである。そして、日本の若者が、原発マフィアを敗北せしえると考えようとした。しかし、私の夢は消えた。そのことを「終わりに」で書くことにしよう。

私は若者たちに国際金融マフィア＝原発マフィアを敗北せしめよ、と書いてきたのだ。そのメッセージを破り捨ててしまった。

「がんばれ日本！」

なんと空しく私の胸に響き渡る言葉であろうか。貧しくてもいいではないか。美しい日本を、これから生まれてくる子供たちに残せるならば。

日本が悲劇を繰り返さないために　◉終わりに

ついに、この本も最後となった。だが私はどうしても、浜岡原発について書かねばならない。「毎日新聞」（二〇一一年四月十八日付）の編集委員・山田孝男の記事、「浜岡原発を止めろ」を前章で紹介した。そのなかで、山田孝男は「いま、首相官邸にはあまたの知識人が参集し、『文明が問われている』というようなことが議論されている。ずいぶんのんきな話だと思う」と書いている。しかし、同じ毎日新聞（四月二十四日付）に、浜岡原発がある静岡県知事・川勝平太が「再生への視点　脱原発へ向け緩やかに」を寄稿している。引用する。

浜岡原発の近くに東名高速道路や新幹線が走っている。原発事故があれば日本の大動脈が失われかねない。一方、静岡県は電力供給の80％以上を原発に依存する。目下のところ、これなしに静岡県の経済も生活も成り立たない。

電力の安定供給と安全をどう両立させるか、難問だ。沿岸に立地する原発は廃炉にすべきだと考えるが、それをソフトランディングする道を探りたい。

「それをソフトランディングする道を探りたい」と川勝平太は書いているけれども、地震がくる前に、はたして間に合うのであろうか。川勝は次のようにも述べている。

直下型や津波を伴う大地震が首都を襲えばどうなるか。日本の将来構想を出す時だ。東京の一極集中を緩和し、防災力を高め、地方を元気にする方策の答えはすでにある。国会決議を経て10年がかりで結論が出された、首都機能移転の第一候補先の阿武隈・那須野ヵ原（栃木・福島県境）。そこに戻る場所のない人々に移り住んでもらう案だ。

新首都の人口は30万人。生まれ育った土地への愛着は断ちがたくても、新首都の住民になる夢がある。「ポスト東京時代」がここから始まる。

大地震が襲いかかる可能性が高くなっているときに、何という、のんびりとした構想を静岡県知事が語っていることか。「国会決議を経て10年がかりで結論が出された」というけれど、それも具体的なものは何もない。浜岡原発が大地震を起こしたとき、一応、第一候補先として阿武隈・那須野ヵ原に、戻る場所のない人々に移り住んでもらう案とは何たる案だ。川勝平太は正直に、「静岡県の経済も生活も成り立たない」と原発に依存する立場を明確にしている。

中部電力の浜岡原子力発電所があるのは、御前崎市。人口は約三万六千、世帯数一万一千の小都市である。しかし、原発マネーがこの小都市の原発依存体質を助長してしまった。配分された交付金は、一九八三年から二〇〇五年までの二十二年間で約二百八億円、毎年約十億円である。また、原子力発電所からの固定資産税と都市計画税も入ってくる。固定資産税は二〇〇五年度には三十二億円、これだけでも同市の税収の四割以上にあたる。同様に、静岡県も川勝平太が「静岡県は電力供給の80％以上を原発に依存する。目下のところ、これなしに静岡県の経済も生活も成り立たない」というのは一理ある。

私たちは、原発がついに、「日本経済にとっても、生活にとっても、これなしには成り立たない」ところまで来ているのを知らないといけない。いかに地震が来る日が切迫していても、「脱原発に向け緩やかに」、廃炉をソフトランディングするしかない。

浜岡原発では、これまでに一号機から五号機までの計五基の原子力発電設備が建設された。一九七〇年代に運転を開始した一号機と二号機は運転を終了したが、三号機から五号機までの計三基が運転中である。二〇〇九年八月、マグニチュード6・5の地震が発生した。ところが、この程度の地震で、最新型の五号機までがストップした。五号機は三号機、四号機の三～四倍の大きな揺れを記録した。地盤の中に物性の違う地層があって、局所的に揺れが増大したためだとされた。その地震は、今回の3・11巨大地震のエネルギーの一千分の一程度である。書いているときりがない。私たちは、浜岡原発が〝想定外〟の大事故を迎えるのを待つしかないようである。

「浜岡原発を廃止せよ」との声は高まるばかりである。しかし、日本人には本当の危機感がないのである。持つべきはずの危機感を、原爆を広島と長崎に落とされたにもかかわらず、正力松太郎がいみじくも言った「毒をもって毒を制する」という奇術にかかり、失ってしまったのである。

では、私たち日本人は今、何をなすべきか。私たちの将来が、それもごく近い将来が真っ暗闇だということを知るのである。すべては、そこを出発点としなければならない。静岡県を見よ、御前崎市を見よ、そして浜岡原発を見よ、と私は言いたい。あなたはがその風景を見て、恐怖の叫び声を上げるとき、あなたは日本の真の姿を知る人となる。

この本の最後に、「週刊プレイボーイ」（二〇一一年四月四日号）の記事を引用する。

原発事故に詳しい京都大学原子炉実験所の小出裕章助教は、原発事故から身を守る方策として、重要度の高い順に次のようなものを挙げている。今後の参考にしてほしい。

1、原子力発電所を廃絶する
2、廃絶させられなければ、情報を公開する
3、公開させられなければ、自ら情報を得るルートを作る
4、事故が起きたことを知ったら、風向を見て直角方向に逃げる。そして可能なかぎり、原子力発電所から離れる。
5、放射能を身体に付着させたり、吸い込んだりしない

6、すべて手遅れの場合には、一緒にいたい人とともに過ごす

小出裕章は、すでに「これから起こる原発事故」(『別冊宝島』二〇〇七年)の中で、次のように浜岡原発について書いている。

浜岡原発四号機が大事故を起こし、事故発生から七日後に避難した場合、最大で五万四千七百四十二人が急性障害で死亡する。もし巨大地震の揺れに耐え切れず、浜岡にあるすべての原子炉が大事故を起こし、事故発生から七日後に避難した場合、最大で二十九万七千八百八十三人が急性障害で死亡する。

小出裕章は被曝評価のプロセスを経て、右の予想死亡者数を計算している。必ずしも正確な数字ではないが、考慮に値する。小出はさまざまな機会に、福島、浜岡などの原発事故の可能性を説いてきたが、無視され続けた。そしてついに、「原発事故から身を守る方策」を作成するにいたったのである。

私は、国際金融マフィアが同時に原発マフィアであり、また、石油マフィアでもあると書いてきた。日本人は戦後、独立国家となったと思い込んでいるが、真実は、アメリカに巣食う彼ら国際金融マフィアの思いどおりに日本は動かされてきた。世界の原発マフィアの意向に添っ

て日本の原発マフィアが、この狭く、地震の多い国に五十五基もの原発を造ってきた（一基は廃炉作業中）。そして、二〇三〇年までに十四基増やし、原発による電力への依存率を五割まで上げるという政府の方針が確定している。

日本人は貧しさから脱却していくにつれて、都合の悪い情報から逃避するようになった。原子力の安全神話に疑いの念をもたなくなった。そして今日、福島第一原発の大事故を迎えた。しかし、浜岡原発に関して、私がいかに危険だと主張しても、それは空しい戯言《たわごと》のように響くだけだ。静岡県知事の川勝平太の「ソフトランディングする道を探りたい」の言葉に象徴されるように危機感が全くない。だから私たちには、小出裕章の「原発事故から身を守る方策」しかないのかもしれない。

「がんばろう、日本」の声が日本中に響き渡っている。そして、数多くのインテリと称する人々が反原発の声を上げている。「浜岡原発を止めよ」の声も上がっている。しかし、それらの声も、ただ空しく響くだけだ。

静岡県知事の主張を覆す理論を構築せよ、御前崎市の財政事情を追及せよ、そして何より、原発がもたらす〝原発利権〟が、日本国家と日本国民にとって、亡国の麻薬であることを訴えよ……。

これらの動きが浜岡原発から、御前崎市から、そして静岡県から衝き上がるとき、関東一円の数千万の人々が、本当の危機感を彼らと共有するとき、その危機感が日本中の人々を動かすとき、「がんばろう、日本」と「原発反対」のスローガンが生きてくる。

だが、そんな動きは少しもない。私たちは空しい日々を一日、また一日と送り、第二の福島の悲劇を迎えることになる。

「がんばろう、日本」

「原発反対」

そんな言葉を叫ぶだけでいいのか、日本よ。

日本は浜岡原発の大事故を、首都壊滅の日を、きっと近い将来迎えるにちがいない。

私は「原発とは何か」を書いてきた。原発が、原爆から生まれた歴史を書いてきた。そのなかで、原発マフィアがいかに誕生したかの歴史を書いてきたのである。どうか、原発の歴史を知り、日本が悲劇を繰り返さないための道を発見してほしい。

引用文献一覧

ピーター・プリングル＋ジェームズ・スピーゲルマン／浦田誠親監訳『核の栄光と挫折』時事通信社、一九八二年◉鬼塚英昭『原爆の秘密』（国外篇・国内篇）成甲書房、二〇〇八年◉佐野眞一『巨怪伝』文藝春秋、一九九四年◉黒井文太郎編著『謀略の昭和裏面史』（『別冊宝島real』）宝島社、二〇〇六年◉有馬哲夫『日本テレビとCIA』新潮社、二〇〇六年◉柴田秀利『戦後マスコミ回遊記』中央公論社、一九八五年◉大江健三郎『核時代の想像力』新潮社、一九七〇年◉武田徹『「核」論』勁草書房、二〇〇二年◉春名幹男『秘密のファイル――CIAの対日工作』（上・下）共同通信社、二〇〇〇年◉槌田敦『原発安楽死のすすめ』学陽書房、一九九二年◉福島菊次郎『ヒロシマの嘘』現代人文社、二〇〇三年◉週刊朝日編集部編『1945-1971　アメリカとの26年』新評社、一九七一年◉マルセル・ジュノー／丸山幹正訳『ドクター・ジュノーの戦い』勁草書房、一九八一年◉児玉隆也『君は天皇を見たか』潮出版社、一九七五年◉ウィリアム・イングドール／為清勝彦訳『ロックフェラーの完全支配・ジオポリティックス（石油・戦争）編』徳間書店、二〇一〇年◉広瀬隆『危険な話』八月書館、一九八七年◉ハーヴィ・ワッサーマン／茂木正子訳『被曝国アメリカ』早川書房、一九八三年◉ラルフ・E・ラップ／八木勇訳『福竜丸』みすず書房、一九五八年◉藤永茂『ロバート・オッペンハイマー』朝日新聞社、一九九六年◉中国新聞「ヒバクシャ」取材班『世界のヒバクシャ』講談社、一九九一年◉武藤弘『プルトニウム・クライシス』日刊工業新聞社、一九九三年◉アルバカーキー・トリビューン編／広瀬隆訳・解説『マンハッタン計画――プルトニウム人体実験』小学館、一九九四年◉ダニエル・エスチューリン／山田郁夫訳『ビルダーバーグ倶楽部』バジリコ、二〇〇六年◉中曽根康弘『天地有情』文藝春秋、一九九六年◉中曽根康弘『政治と人生　中曽根康弘回顧録』講談社、一九九二年◉鎌田慧『新版・日本の原発地帯』岩波書店、一九九六年◉内橋克人『日本エネルギー戦争の現場』講談社、一九八四年◉立花隆『田中角栄新金脈研究』朝日新聞社、一九八五年◉蜷川真夫『田中角栄は死なず』山手書房、一九七六年◉広瀬隆『越山会へ恐怖のプレゼント』広松書店、一九八四年◉山岡淳一郎『田中角栄　封じられた資源戦略』草思社、二〇〇九年◉森永晴彦『原子炉を眠らせ、太陽を呼び覚ませ』草思社、一九九七年◉アンドリュー・ヒッチコック／太田龍監訳『ユダヤ・ロスチャイルド世界冷酷支配年表』成甲書房、二〇〇八年◉速水二郎『原子力発電は金食い虫』電力労働連合近畿センター、二〇〇九年◉チャルマーズ・ジョンソン／村上和久訳『アメリカ帝国の悲劇』文藝春秋、二〇〇四年◉NO DUヒロシマ・プロジェクト／ICBUW編『ウラン兵器なき世界をめざして』合同出版、二〇〇八年◉劣化ウラン研究会『放射能兵器劣化ウラン』技術と人間、二〇〇三年◉佐藤栄佐久『知事抹殺』平凡社、二〇〇九年

◉著者について

鬼塚英昭（おにづか ひであき）

ノンフィクション作家。1938年、大分県別府市生まれ、現在も同市に在住。国内外の膨大な史資料を縦横に駆使した問題作を次々に発表する。とりわけ、広島・長崎への原爆投下に至る核兵器問題はライフワークともいえる重要テーマであり、今次の「3・11フクシマ原発重大事故」の陰に存在する日米の原子力利権を執拗に追跡してきた。本書は積年の調査・研究の集大成であり、日本人が決して知らされることのない「原子力の闇」を暴いた必読書である。

黒《くろ》い絆《きずな》
ロスチャイルドと原発《げんぱつ》マフィア
狭《せま》い日本《にっぽん》に核《かく》プラントが54基《き》も存在《そんざい》する理由《りゆう》

◉著者
鬼塚英昭《おにづかひであき》

◉発行日
初版第1刷　2011年5月30日
初版第2刷　2011年6月15日

◉発行者
田中亮介

◉発行所
株式会社 成甲書房

郵便番号101-0051
東京都千代田区神田神保町1-42
振替00160-9-85784
電話 03(3295)1687
E-MAIL　mail@seikoshobo.co.jp
URL　http://www.seikoshobo.co.jp

◉印刷・製本
株式会社 シナノ

Printed in Japan, 2011
ISBN978-4-88086-277-4

定価は定価カードに、
本体価はカバーに表示してあります。
乱丁・落丁がございましたら、
お手数ですが小社までお送りください。
送料小社負担にてお取り替えいたします。